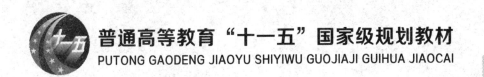

普通高等教育"十一五"国家级规划教材

PUTONG GAODENG JIAOYU SHIYIWU GUOJIAJI GUIHUA JIAOCAI

电力系统基础

（第二版）

ianli Xitong Jichu

主　编　杨以涵

副主编　张粒子　麻秀范

编　写　刘文颖　王雁凌

　　　　曹　昉　舒　隽

主　审　王锡凡　柳　焯

中国电力出版社

CHINA ELECTRIC POWER PRESS

内 容 提 要

本书为普通高等教育"十一五"国家级规划教材。

本书共分八章,第一章讲述电力系统的基本概念,第二章讲述电力系统的接线及设备选择,第三章讲述电力系统元件参数及等值电路,第四章讲述电力系统潮流计算,包括手算和计算机计算潮流的方法,第五章讲述电力系统有功功率平衡与频率调整,第六章讲述电力系统无功功率平衡及电压调整,第七章讲述短路电流的计算与分析,第八章讲述电力系统的稳定性。

本书可作为电气工程及其自动化专业的教材,也可作为非电力专业的相关课程教材,还可供电力工程有关专业的技术人员参考。

图书在版编目 (CIP) 数据

电力系统基础/杨以涵主编. —2 版 .—北京:中国电力出版社,2007.2(2024.1 重印)

普通高等教育"十一五"国家级规划教材

ISBN 978 - 7 - 5083 - 4809 - 4

Ⅰ. 电… Ⅱ. 杨… Ⅲ. 电力系统-高等学校-教材
Ⅳ. TM7

中国版本图书馆 CIP 数据核字 (2006) 第 159966 号

中国电力出版社出版、发行

(北京市东城区北京站西街 19 号 100005 http://www.cepp.sgcc.com.cn)
三河市航远印刷有限公司印刷
各地新华书店经售

*

1986 年 11 月第一版
2007 年 2 月第二版 2024 年 1 月北京第二十三次印刷
787 毫米×1092 毫米 16 开本 10.25 印张 248 千字
定价 28.00 元

前　言

　　本书自 1986 年出版问世以来，时间过去了整整 20 年，在这 20 年间我国电力系统的状况发生了翻天覆地的变化，引起了国内外广泛的关注。改革开放以来，我国年装机逐年增加，1987 年以后，每年新增发电设备容量一直居世界首位，到 2005 年底全国发电装机容量达到 5.1 亿 kW，发电量 2.4 万亿 kWh，两项指标仅次于美国，居世界第二位。我国水利资源丰富，蕴藏量为 6.8 亿 kW，居世界第一位。国家非常重视水电建设，从 1994 年开始建设的长江三峡水电站到 2006 年已有 14 台机组投产发电，计划到 2009 年将全部投产，总装机容量 1820 万 kW，是当今世界上容量最大的水电站，三峡水电站工程，必将以跨千年丰碑的形式载入史册。电力体制改革为我国电力工业的发展作出了重要贡献，也必将保障电力工业的可持续发展。

　　对于上述电力系统发展的新动态和新形势，我们在新版中用适当的章节予以反映。

　　本书第一版是作为"电力系统继电保护及自动远动技术"专业的教材编写的。20 年来，许多与电力相关的专业选用本书作为教材。另一方面，新的专业目录里已不再设"电力系统继电保护及自动远动技术"专业，根据新的情况，我们以市场的需求为导向调整编写目标和内容；第一版中有些术语、名词不够统一，个别内容已经陈旧，在新版中都加以推陈出新。

　　本书共分八章。第一章由杨以涵、张粒子编写，第二章由刘文颖编写，第三章由曹昉编写，第四章、第六章由舒隽编写，第五章由王雁凌编写，第七章、第八章由麻秀范编写。杨以涵任主编，张粒子、麻秀范任副主编。

　　王锡凡老师、柳焯老师对全书的内容进行了审核，提出了宝贵的意见和建议，在此表示感谢。

　　在本书的编写过程中，编写者尽了很大努力，力图让使用本书的师生满意，但由于编者学术水平所限，书中还有不尽如人意的地方，一定存在疏漏和不足，欢迎批评指正、提出宝贵意见。

编　者

2006 年 6 月

第一版前言

本书为"电力系统继电保护及自动远动技术"专业的专业课教材，是根据 1983 年 1 月在青岛召开的电力系统教材编审小组会议上制订的该课程教学大纲编写的。

本书共分八章。第一章、第八章由杨以涵编写，第二章、第三章由毛晋编写，第四章、第五章由郭家骥编写，第六、七章由张维国编写。杨以涵任主编。

山东工业大学邵洪泮教授担任本书主审，在编写过程中随时提出了宝贵意见，对初稿进行了极为细致的审阅，提出许多修改意见，对提高本书的质量作出了重要贡献。

在编写过程中得到各有关同志的支持和帮助，也得到华北电力学院陈志业同志协助，在此表示感谢。

由于编者的经验和能力所限，本书一定存在不少错误和缺点，欢迎批评指正。

编　者

1986 年 1 月

目　录

前言
第一版前言
第一章　电力系统概述 …… 1
　第一节　电力系统中能源的构成 …… 1
　第二节　电力系统的形成 …… 11
　第三节　电力系统的负荷 …… 13
　第四节　电力系统运行的特点及要求 …… 15
　第五节　电力系统的电压等级和规定 …… 17
　第六节　我国电力工业的发展 …… 18
　练习题 …… 22
第二章　电力系统的接线 …… 23
　第一节　电气主接线 …… 23
　第二节　电力设备及其选择的一般原则 …… 28
　第三节　电力网接线及中性点接地方式 …… 32
　第四节　直流输电 …… 35
　练习题 …… 37
第三章　电力系统元件参数及等值电路 …… 38
　第一节　输电线路的电气参数及等值电路 …… 38
　第二节　变压器参数及等值电路 …… 46
　第三节　发电机和负荷的参数及等值电路 …… 51
　第四节　标幺制及其应用 …… 53
　第五节　电力系统等值电路 …… 56
　练习题 …… 62
第四章　电力系统潮流计算 …… 65
　第一节　简单电力网的分析和计算 …… 65
　第二节　复杂电力系统潮流的计算机算法 …… 81
　第三节　灵活交流输电系统 …… 94
　练习题 …… 98
第五章　电力系统有功功率平衡与频率调整 …… 101
　第一节　概述 …… 101
　第二节　负荷的频率静特性和电源的频率静特性 …… 102
　第三节　电力系统的频率调整 …… 105
　第四节　电力系统有功功率经济分配 …… 107

练习题 ……………………………………………………………………………… 118

第六章　电力系统无功功率平衡及电压调整 …………………………………… 120

第一节　概　述 ……………………………………………………………………… 120

第二节　无功功率平衡 …………………………………………………………… 121

第三节　电力系统的电压调整 …………………………………………………… 125

第四节　无功功率的经济分配 …………………………………………………… 135

练习题 ……………………………………………………………………………… 136

第七章　短路电流的计算与分析 ………………………………………………… 138

第一节　故障概述 ………………………………………………………………… 138

第二节　无穷大功率电源供电系统三相短路过程分析 ……………………… 139

练习题 ……………………………………………………………………………… 144

第八章　电力系统的稳定性 ……………………………………………………… 145

第一节　简单电力系统的静态稳定性 ………………………………………… 145

第二节　简单电力系统的暂态稳定性 ………………………………………… 149

练习题 ……………………………………………………………………………… 154

参考文献 ……………………………………………………………………………… 156

第一章　电力系统概述

　　能源是社会生产力的重要基础。随着社会生产力的不断发展，人类使用的能源不仅在数量上越来越大，在品种及构成上也越来越多样化。

　　原始人早期不知道利用自然界的能源，生产和生存斗争全靠自身的体力。我国古代传说燧人氏钻木取火，拉开了人类利用自然界能源的序幕。人类由猿人向真人的进化演变过程中，用火起了重要作用。用火后使熟食代替了生食，大大改善了摄取营养的条件。劳动和用火推动了人类的进化，使猿人发展演变成为真人。

　　火是热能的一种形态，最初是由木材和草本植物的秸秆燃烧产生，随后发现煤炭、石油、天然气等燃料，通过它们燃烧产生热能。

　　18世纪以前，热能都是以火的形态加以利用，例如烧煮食物、取暖、烧制陶器和瓷器、铜铁冶炼等都是用火来实现的。到了18世纪，蒸汽机的发明使人们掌握了把热能转变成机械能的技术，导致了具有划时代意义的工业革命。随后，发电机的出现，实现了把机械能转变成电能的技术。由于电能具有转换容易、输送和使用便捷、控制灵活以及洁净等许多独特的优点，从19世纪70年代开始逐步取代蒸汽机，使生产和人类生活进入了电气化的崭新时期，促使生产力空前发展。如今，电能已成为工业、农业、国防、交通等部门不可缺少的动力，成了改善和提高人们物质、文化生活的重要能源。一个国家电力工业的发展水平已是反映其国民经济发达程度的一个重要标志。

第一节　电力系统中能源的构成

　　煤炭、石油、天然气、水能等随自然界演化生成的动力资源，是能量的直接提供者，称为一次能源。电能是由一次能源转换而成，称为二次能源。

　　火力发电厂消耗的煤、石油、天然气（三者统称为化石能源）是几亿年形成的矿物资源，它们不仅是能源的提供者，而且还是很珍贵的化工原料，这些资源是不可再生的，根据目前能源消耗的趋势，化石能源将在今后50～60年之内全部耗尽，到那时候，地球将不再有可用的化石能源，这是一个严重的问题。燃烧化石能源将大量排放二氧化碳和其它污染物，严重破坏生态环境，导致大气变暖，海平面上升，是对人类生存的严重挑战。如上所述，化石能源的不可再生，严重污染环境，破坏生态平衡，人们认识到必须利用可再生能源谋求电力工业的可持续发展。为此，除了继续发展水力发电、核动力发电之外，还积极发展各种能源发电，如潮汐发电、地热发电、太阳能发电、风力发电、秸秆发电、垃圾发电等。

　　由于目前可再生能源发电规模不大，是正在发展中的技术，在经济上尚不占优势，发电成本一般高于传统的发电方式。随着技术的不断进步，以及伴随着化石能源因日益枯竭而不断涨价，可再生能源发电在经济上也会逐渐从劣势转化为优势。当前国家对可再生能源发电采取积极扶持政策，推动了新能源发电的快速发展。

一、火力发电厂

火力发电厂简称火电厂，可分为凝汽式火电厂和热电厂。凝汽式火电厂是单一生产电能的火电厂，而热电厂既生产电能，又向用户提供热能。热电厂由于供热距离不能很远，一般建在临近热负荷的地区，容量也不大。凝气式火电厂则可建在燃料产地，电厂容量也可以是很大的。

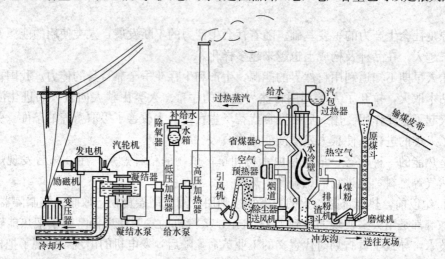

图 1-1　凝汽式火电厂生产过程示意图

图 1-1 为一个凝汽式火电厂生产过程示意图。原煤从煤矿运到电厂后，先存入原煤场，随后由输煤皮带运进原煤斗，从原煤斗落入磨煤机中被磨成很细的煤粉，再由排粉机抽出，随同热空气送入锅炉的燃烧室进行燃烧。燃烧放出的热量一部分被燃烧室四周的水冷壁吸收，一部分加热燃烧室顶部和烟道入口处的过热器中的蒸汽，余下的热量则被烟气携带穿过省煤气、空气预热器把部分热量传递给这两个设备内的水和空气。最后烟气经过除尘器净化处理，由引风机导入烟囱，并被排入大气。燃烧时生成的灰渣和由除尘器收集下来的细灰，用水冲进冲灰沟排至厂外灰场。

燃烧用的助燃空气，经送风机进入空气预热器中加热，加热后，小部分被送往磨煤机作为干燥和运送煤粉的介质，大部分送入燃烧室参与助燃。

水、蒸汽是把热能转化成机械能的重要工质。净化后的给水，先送进省煤器预热，继而进入汽包后再入水冷壁管中吸收燃烧室的热能后蒸发成蒸汽。蒸汽通过过热器时再次被加热，变为高温高压的过热蒸汽以后，经主蒸汽管道进入汽轮机膨胀做功，推动汽轮机转子转动将热能转变为机械能。做完功的蒸汽在凝结器中被冷却凝结成水。凝结水经除氧器除氧、加热器加热后再用给水泵重新送入省煤器预热，以便作为工质继续循环使用。

凝结器需要的冷却水由循环水泵送入，冷却水在凝结器吸热之后，流回冷却塔散热，然后，再进入循环水泵。

汽轮机转子转动带动发电机转子旋转，在发电机中把机械能转化为电能。发电机发出的电能经过变压器升高电压后送入高压电力网。

凝气式火电厂中，由于做过功的蒸汽（称为乏汽）中仍含有热量，被凝结成水时，这些热量基本上被循环水带出变成热损失，因而该种类型电厂效率不高，指标先进的也不过 $37\% \sim 50\%$。热电厂效率较高，可达 $60\% \sim 70\%$，但是受热负荷等条件限制，建热电厂的数量有限。提高凝汽式火电厂效率的有效途径是尽量采用高温度、高压力的蒸汽参数和大容量的汽轮机—发电机组。

二、水力发电厂

利用河流中水的位能发电的电厂称为水力发电厂,简称水电厂。水能是自然界提供的廉价能源,是一种用之不竭的可再生能源,对环境无污染,建设水电厂历来具有很强的吸引力。目前,化石能源面临日益枯竭的前景,价格不断上涨,环境污染日益严重,因此加强水电厂的建设已刻不容缓。

为了充分利用水能,人们针对河流的自然条件建造适合于河流特点的水工建筑物,以期得到尽可能大的落差。按集中落差方式不同,水电的开发方式分为堤坝式、引水式及混合式三类。

堤坝式水电厂是利用拦河筑坝方式建成水库以维持高水位。堤坝式水电厂又可分成坝后式水电厂和河床式水电厂两种类型。

坝后式水电厂单独筑坝,坝身高,水位也高,厂房建在坝后,不承受水压,如图 1-2 所示。坝后式水电厂在我国的应用较多,如三峡、三门峡、刘家峡、丰满、白山、丹江口水电厂等均属此类。

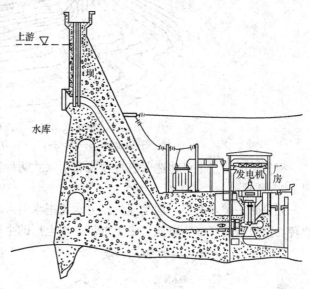

图 1-2 堤坝式水电厂示意图

河床式水电厂适用于河床平缓地区,由于落差小,将厂房和坝建在一起,构成拦河建筑物的一个组成部分,见图 1-3。葛洲坝水电厂、西津水电厂属于这一类。

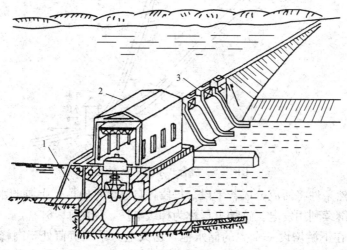

图 1-3 河床式水电厂示意图

1—进水口;2—厂房;3—溢流坝

在河流上游,当河床坡度较大时,宜于修建隧洞和渠道以获取最大落差。利用这种方式建造的水电厂称为引水式水电厂,如图 1-4 所示。引水式水电厂不建坝或只建起壅水作用的低坝，落差靠引水渠道或隧洞形成。

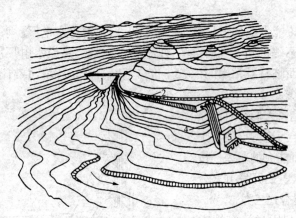

图 1-4　引水式水电厂总体布置示意图
1—坝；2—引水渠；3—溢水道；4—压力水管；5—水电厂厂房

　　根据河流特点也可建造兼有堤坝式和引水式两种特点的水电厂，称为混合式水电厂，如图 1-5 所示。

　　无论哪一类水电厂，均是通过压力水管把水引入水轮机的螺旋形蜗壳，推动水轮机转子旋转，把机械能转变为电能。由上可见，水电厂的生产过程远比火电厂简单。

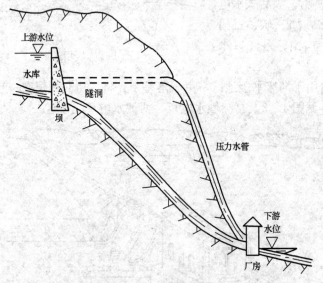

图 1-5　混合式水电厂示意图

　　有时根据自然条件将河流分成若干段，每段各自建设水电厂，上游的水发电后放入下游供下游各级电厂继续利用发电。这种电厂称为梯级电厂，见图 1-6。

　　有些水电厂在下游增设一个大的储水池，白天电力系统负荷处于高峰时电厂发电，并把发过电的水存入储水池，夜间低负荷时把储水池内的水再抽回水库，这一过程是把电能再变成水的位能，以备下一天白天负荷高峰时再发电。这种电厂称为抽水蓄能电厂，见图 1-7。

　　我国水力资源丰富，据调查全国水力资源蕴藏量达 6.8 亿 kW，可利用量约 3.78 亿

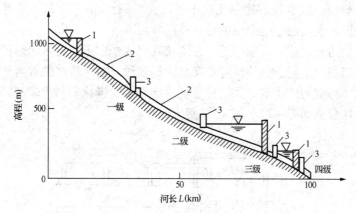

图 1-6 河流梯级开发示意图

1—坝；2—引水道；3—水电厂厂房

kW。特别是黄河、长江水系集中了我国的主要水力资源。三峡水利枢纽是一个综合性水利工程，大坝坝顶高程 185m，正常蓄水位，最大坝高 175m，在防洪、通航、发电等方面都有重大效益。三峡水库总库容 393 亿 m^3，防洪库容 221.5 亿 m^3，能有效地控制长江上游洪水，增强长江中下游抗洪能力。三峡水电厂总装机容量 1 820 万 kW，年发电量 846.8 亿万 kW·h。三峡大坝轴线长 2309.47 m，装有 26 台 70 万 kW 的水轮发电机组，双线 5 级船闸加升船机。三峡水利枢纽无论单项、总体都是世界建筑规模最大的水利工程。三峡水电厂到

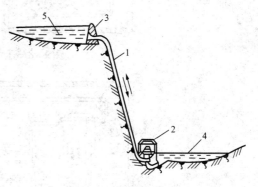

图 1-7 抽水蓄能电厂

1—压力水管；2—厂房；3—坝
4—储水池；5—水库

2006 年已经有 14 台机组投产发电，到 2009 年 26 台机组将全部投产发电。三峡水电厂奠定了全国联网的基础。

三、核电厂

核能是一种新能源，也是可望长期使用的能源。所以，自 1954 年世界上第一座核电厂投入运行以来，许多国家纷纷建设核电厂。

核能的获得有两种途径：一种是用带有一定能量的中子撞击重金属元素的核，如铀、钍的核，核吸收中子之后变为具有激发能的复合核。激发能使复合核中的静电斥力大于核引力时，原子核就发生分裂，此时要放出裂变能，产生 2～3 个新中子，并放射出射线。如果产生的新中子至少有一个再能引起其它核也发生裂变，裂变就能持续进行，形成可控链式反应。裂变过程中放出的裂变能就是可利用的核能。另外一种是使不同的轻元素的原子核进行聚合，形成一个新原子核，在聚合过程中要放出所谓聚合能，如氘和氚聚合成氦放出能量。目前已用于发电的仅是第一种途径获得的核能，第二种途径尚在研究之中。

反应堆是核电厂的核心，它是一个可以被控制的核裂变装置。用减速后的低速中子（热中子）撞击原子核产生裂变的反应堆，称为热中子反应堆。用裂变产生的高速高能中子引起原子核裂变的反应堆，则称为快中子反应堆或增殖堆。利用快中子反应堆在消耗核燃料的同

时能产生新的核燃料，铀资源利用率比热中子反应堆高约 60～70 倍。虽有个别国家建成该类型反应堆核电厂，但当前普遍应用的是热核反应堆。

核裂变时产生的是快速、高能中子，为了使其变成慢中子需要慢化剂将其减速，根据采用的慢化剂和冷却剂的不同，热核反应堆又分为许多种，使用最多的有两种：一种是利用高压水作慢化剂和冷却剂的压水堆，另一种是利用沸腾水做慢化剂和冷却剂的沸水堆。用这两种反应堆的核电厂分别如图 1-8、图 1-9 所示。

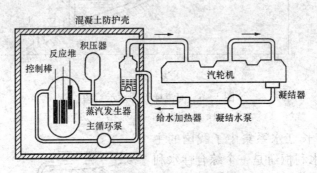

图 1-8　压水堆核电厂示意图

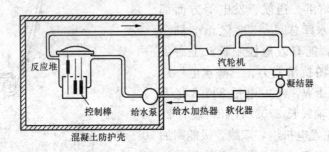

图 1-9　沸水堆核电厂示意图

按照把热量从反应堆导入汽轮机的方式不同，核电厂又分成单回路系统和双回路系统两种。图 1-9 为单回路系统核电厂，水在反应堆内被加热后沸腾并蒸发成压力为 $6.86 \times 10^6 \sim 7.86 \times 10^6$ Pa、温度为 $280 \sim 290$℃的蒸汽，经过管道直接送入汽轮机做功。做功之后的乏汽在凝结器中冷却成水后，再用水泵送回反应堆。为防止水活化后造成污染，除反应堆设有混凝土防护层外，全部热力设备及管道也用防护层屏蔽。双回路系统核电厂如图 1-8 所示。它由一回路及二回路两部分组成，各自独立循环。一回路的冷却水在堆内不汽化，出口压力保持 $1.47 \times 10^7 \sim 1.57 \times 10^7$ Pa，温度为 $310 \sim 320$℃。二回路的蒸汽发生器中的气压为 $4.90 \times 10^6 \sim 5.88 \times 10^6$ Pa，温度为 $250 \sim 260$℃。一回路用防护层严格屏蔽，二回路无活性污染不加屏蔽。

和化石能源不同，核反应堆在生产过程中不产生二氧化碳，没有排放问题，但是人们很担心核电厂的放射性污染，对此应该怎样看待呢？自 1954 年核电厂诞生以来，至 2005 年全世界建成 441 座核电厂并投入运行。51 年间共发生 2 次严重核事故。一次是前苏联的切尔诺贝利核电厂发生放射性物质泄漏，造成大量人员伤亡，所在地区至今仍未完全消除那次事故造成的污染，仍有后遗症。另一次是美国三里岛核电厂的核事故，这次事故导致核反应堆堆芯溶化，但并未造成核放射性物质大量泄漏，未引起人员伤亡，核电厂工作人员和所在地区居民都安然无恙。同样事故，后果却完全不一样，是因为二者采用堆型的不同造成的。三里岛核电厂采用压水堆，技术先进，安全水平高，切尔诺贝利（核电厂）采用石墨水冷堆，技术落后，安全水平低。这两次核事故表明石墨水冷堆是不可取的，切尔诺贝利（核电厂）事故发生后（核电厂）已不再使用石墨水冷堆。对于压水堆来说，将来即使再发生核事故，最严重的是堆芯溶化事故，但它有多层措施防止出现核泄漏和污染，不会危害核电厂运行人员和所在地区居民的健康。此外，压水堆堆芯溶化也是非常罕见的事故，事故发生概率为 $2 \times 10^{-5}/$（堆·年），以当前世界反应堆数为 441 座计算，全世界 100 年可能发生 1 次这样的核事故。因此核能可认为是安全的能源。

核电也是不可再生的，但核裂变放出的能量巨大，1kg 铀相当于 2700t 标准煤，按目前铀的年消耗水平计算，全世界铀储藏量采用铀—钚循环方式可供全世界使用 3000 年，可见铀是可供长期使用的能源。

更为大胆的想法是利用核聚变产生的聚合能发电，所用的核燃料是氢的同位素氘和氚，是取之不尽、用之不竭的核能材料。如果核聚变发电技术能够实现，则困扰人类的能源问题可望从根本上得到解决。可见核能的利用是一件大事，对核电的发展应该采取积极的态度。

四、分布式可再生能源发电

大机组、大电网、高电压一直是当代电力系统的主流，但大型火电机厂所用的化石燃料是不可再生的，面临资源枯竭的前景，给环境带来的污染也是严重的挑战。不可再生又污染环境的能源迟早要被可再生且清洁的能源所取代，这是历史发展的必然。及时研究可再生能源发电是非常必要的。

水能是标准的可再生能源，大型水电属集中式发电，早已被认识并加以利用。小水电属分布式发电也受到重视和利用。分布式可再生能源中除小水电以外还有太阳能、风能、地热、潮汐、植物秸秆发电等，均有非常好的发展前景。分布式可再生能源发电的特点是装机容量小，靠近用户，就地取材，就地消费，组成的系统称为分布式发电系统。在各种可再生能源发电中发展最快的有风力发电和太阳能发电，以下简要介绍这两种发电形式。

（一）风力发电

这些可再生能源中，风力发电最受重视，近 20 年来，在世界范围内一直保持快速发展的势头。截至 2005 年底，全世界风电装机容量达 59322MW，预计下一个 20 年内会继续保持这种增长势头。我国的风能资源非常丰富，西北、华北、东北、内蒙古和东南沿海地区都具备发展大型风电场的潜力。由于政府大力提倡发展可再生能源，并制定了发展可再生能源的倾斜政策，我国风电正在进入大规模发展阶段，风电场装机容量越来越大，正在规划和实现上百万兆瓦的大型风电场。

风力发电有离网型和并网型两种类型。离网型的风力发电规模较小，通过蓄电池等储能装置或者和其他能源发电技术相结合（如风力—太阳能互补运行系统、风力—柴油机组联合供电系统等），可以解决偏远地区的供电问题。并网型风力发电是大规模开发风电的主要型式，容量大约为几兆瓦到几百兆瓦，有几十台甚至上百台风电机组构成。并网型的风电场可以得到大电网的补偿和支撑，更加充分地开发可利用的风能资源，是近几年来国内外风力发电发展的主要方向。

并网型的风力发电系统可以分为恒速恒频风力发电系统和变速恒频风力发电系统。

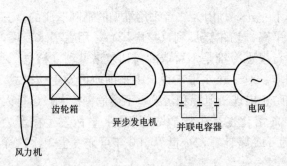

图 1-10　恒速恒频风力发电系统

恒速恒频风力发电系统的基本结构如图 1-10 所示。自然风吹动风力机转动，风能转化为机械能，再经齿轮箱升速后驱动异步发电机将机械能转化为电能。目前国内外普遍使用的是水平轴、上风向、定桨距（或变桨距）风力机，其有效风速范围约为 3～30m/s，额定风速一般设计为 8～15m/s，额定转速为 20～30r/min。恒速恒频风力发电机组具有结构简单、成本低、过负荷能力强以及运行可靠性高等优点，是目前主要的风力发电设备。

变速恒频风力发电系统的发展主要依赖于大容量电力电子技术的成熟，从结构和运行方面可分为直接驱动的同步发电机系统和双馈感应发电机系统。在直接驱动的同步发电机系统中，风力机直接与发电机相连，不需要经过齿轮箱升速，发电机输出电压的频率随转速变化，通过交—直—交或者交—交变频器与电网相连，在电网侧得到频率恒定的

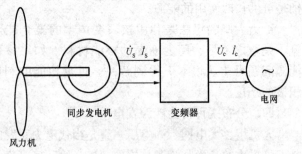

图 1-11　直接驱动的同步发电机系统

电压，如图 1-11 所示。双馈感应风力发电机组的基本结构如图 1-12 所示。其定子绕组直接接入电网，转子采用三相对称绕组，经背靠背的双向电压源变频器与电网相连接，以给发电机提供交流励磁。发电机既可亚同步运行，又可超同步运行，变速范围宽。

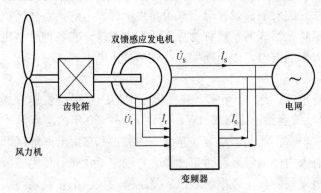

图 1-12　双馈感应发电机系统

变速恒频风力发电机组实现了发电机转速和电网频率的解耦，降低了风力发电和电网之间的相互影响，但它的结构复杂、成本高、技术难度大，至今仍不是风力发电设备的主流。随着电力电子技术的发展，变速恒频风力发电技术将进一步成熟，特别是双馈感应发电机系统，不仅改善了风力发电机组的运行性能，还大大降低了变频器的容量，将会成为今后主要的风力发电设备。

我国风电场的单位千瓦造价的总趋势是不断下降的，风电场的单位千瓦平均造价从 1996 年的 1.26 万元/kW 下降到了 2000 年的 8500 元/kW 左右，5 年间降幅超过了 30%，但与世界上风力发电发展较快的国家相比还是很高的。随着世界风力发电机组技术的不断进步，我国风力发电机组国产化率不断提高，风电场建设成本将会进一步降低，风力发电在我国的发展前景是非常广阔的。

（二）太阳能发电

太阳一年投射到地面上的能量高达 1.05×10^{18} kWh，相当于 1.3×10^6 亿 t 标准煤，我国每年接受的太阳辐射能相当于 2.4×10^4 亿 t 标准煤。按目前太阳能的消耗速率计算，太阳辐射足以维持 600 亿年，可以说太阳能是"取之不尽，用之不竭"的能源。人类利用太阳能的历史可以追溯到远古时代，但是只有在 1954 年美国贝尔实验室研制出效率为 6％ 的实用型单晶硅电池，1955 年以色列的 Tabor 研制成功太阳能吸收涂层之后，才标志着人类利用太阳能进入高技术阶段。

太阳能的转换利用方式有光—热转换、光—电转换以及光—化学转换三种主要方式。其中太阳能的光—电转换分为直接转换和间接转换。直接转换就是将太阳辐射能直接转换为电能，有两种转换形式：一种是通过太阳能电池直接将太阳辐射能转换为电能，即光伏发电；另一种是利用太阳能热能直接发电，目前有利用半导体材料的温差发电、真空器件中的热电子和热离子发电以及磁流体发电等。利用太阳能热能直接发电目前还处于实验室研究阶段。

间接发电主要指太阳能热动力发电。它的工作原理是首先将太阳能转换为热能，然后利用热能驱动热机循环发电。热动力发电技术已经达到了实际应用水平，美国、以色列等国家已建立了一定规模的太阳能热动力电站。

下面介绍两种具有实用性的太阳能发电。

1. 太阳能电池发电（光伏发电）

太阳能电池是利用半导体 p-n 结的光伏效应将太阳能直接转换成电能的器件。单个太阳能电池不能作为电源使用，而要用若干片电池组成的电池阵进行发电。太阳能光伏发电系统由太阳能电池阵、蓄电池、逆变器、负荷以及控制器等组成，如图 1-13 所示。

太阳能电池阵分为平板式和聚光式。其中平板式结构简单，只需要有一定数量的单体电池经过适当的连接即可，多用于固定场合。聚光式则相对复杂，需要安装聚光镜，以增强照射到电池表面的光强度，

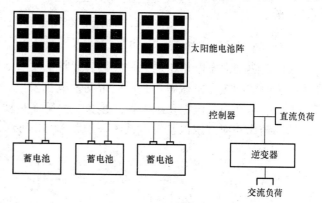

图 1-13 离网太阳能光伏发电系统

可以比相同功率的平板式电池阵的面积更少，成本较低。但是此类电池阵一般需要附带向日跟踪装置，增加了转动部件，可靠性降低。

由于日夜、天气的阴晴和季节的变化，太阳的日照并不稳定，因此光伏发电需要蓄电池储能，以保证夜间或某个时间的用电。并且因为太阳能电池产生的是直流电，而普通用电设备大多要用交流电，因此需要逆变器将直流电转换为交流电供给交流负载使用。

光伏发电有离网和并网两种。离网光伏发电（见图 1-13）大多用于偏远的无电地区，而且以户用及村庄用的中小系统居多。并网光伏发电不需要配备蓄电池，逆变器的输出通过分电盘分别与本地负荷和电网相连。当光伏发电功率大于本地负荷时，电力一部分供给本地负荷使用，剩余的流向电网；当光伏发电功率小于本地负荷时，电力不足部分由电网提供。

这样，当在夜晚或者阴雨天气时，太阳电池基本上不发电，此时本地负荷用电则完全来自于电网；在夏季用电高峰时，正好太阳辐射最强，光伏系统输出功率最大，对电网还可以起到调峰作用。

与大型并网光伏发电系统相比，并网屋顶太阳能光伏发电系统（见图 1-14）因为将太阳电池安装在屋顶及外墙上，易于普及，不占用土地资源，非常适应太阳能能量密度较低的特点，且不需要长途输送，节省了输配电设备，减少了电力损耗，其灵活性和经济性都远远优于大型并网光伏系统，因而受到了广泛重视。德国、美国、日本等国政府先后推行了屋顶光伏并网发电计划，光伏发电技术得到了快速发展，预计到 2010 年，仅美国、日本和欧盟光伏发电系统的总容量将达 11GW。

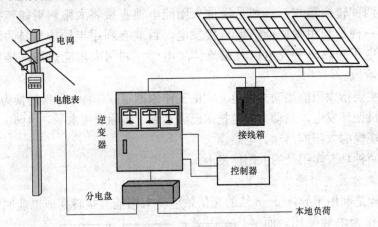

图 1-14　并网屋顶太阳能光伏发电系统示意图

2. 太阳能热动力发电

太阳能热动力发电是通过一种集热装置收集太阳辐射能，并用于加热工质，然后用高温高压的工质推动热力机械做功，从而带动发电机发电。由于在夜间和阴雨天无太阳能可用，因此太阳能热动力发电需要配备蓄热装置。太阳能热动力发电系统包括集热系统、热传输系统、蓄热和热交换系统以及发电系统，如图 1-15 所示。

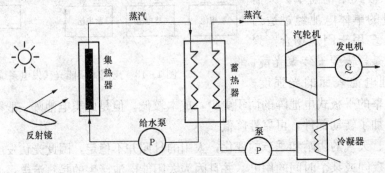

图 1-15　太阳能热动力发电示意图

为了充分利用余热，还可以建立太阳能电—热—冷联供系统，这样，白天发的电可部分用于供电，部分用于电解水，产生氢气；夜间用氢气通过燃料电池发电、供热、制冷，而其生成物（水）又可用于白天的循环利用；用太阳能热力发电所产生的余热推动吸收式制冷机组，用于夏季房间温度的调节。

虽然太阳能发电有间歇性、能量密度低、初期成本高的缺点，但是随着太阳能发电技术的进步，这些问题都会得到很好地解决。同时，太阳能发电具有资源广泛并可再生、环保、不消耗水资源、运行维护费用低、安装灵活等优点，其经济性优于核能发电，同时随着常规能源电力生产成本的增长，太阳能发电成本却在逐步降低，必将能够和常规的化石能源发电相竞争。可以预测，随着太阳能发电技术的发展，太阳能将不再仅仅是一种补充能源，而将成为新的替代能源。

分布式发电是一种新生事物，技术尚不够成熟，不能与主流发电系统相媲美，只能是后者的一种补充。它的特点是兼有经济效益和社会效益。可再生性和没有污染都是分布式发电的社会效益，但这部分效益无法折算为价格，而分布式发电的发电成本高于集中发电的电厂，如任其自然在市场上竞争，肯定发展不起来。对此，各国都出台一些支持分布式发电的政策。我国已制定了风力发电的上网电价政策，从此以后，风力发电的发展才越来越快。这种倾斜政策显然是合理的，因为若不支持风力发电，则环境污染给国民经济带来的损失会大于对风力发电补贴所付出的花费。对风力发电的政策补贴原则上也适用于其它可再生能源发电。

第二节　电力系统的形成

在电力工业发展的初期，发电厂都建在电能用户附近，电厂的规模很小，一般都是孤立运行的。那时，发电用的燃料主要用煤炭，从煤矿运煤到位于用户附近的电厂，需要支付相当数量的燃料运输费。

发电用的资源和电力负荷往往不在一个地区，水能资源集中在河流的水位落差较大的地方，燃料资源集中在煤、石油、天然气的矿区；大工业、大城市和其他用电部门则因原料产地、消费中心或受历史、地理条件的限制，可能与动力资源地区相隔很远。水电厂只能就地建电厂发电，通过高压输电线路把电能送到负荷地区才能使水能得到充分利用。火电厂虽然能通过燃料运输实现在用电地区建厂，但随着机组容量的增大，运输燃料常常不如输电经济，于是就出现了坑口电厂，即把火电厂建在矿区，通过升压变电站、高压输电线、降压变电站，把电能送到离电厂较远的负荷地区。如果负荷地区已经有了当地电厂，需将远方电厂和当地电厂联系起来，并列运行。随着高压输电技术的发展，并联电厂的数量越来越多，线路电压越来越高，装机容量越来越大，开始是在一个地区之内，后来发展到地区之间相互联系，形成大区电力系统、跨大区电力系统，直到全国联合电力系统，甚至是跨国家的超大规模电力系统。

图 1-16 为电力生产系统图。其中，锅炉、汽轮机、水库、水轮机等是电力生产系统的动力部分，其功能是把能源中的能量转化为机械能，带动发电机旋转。发电机把机械能转化为电能，电能经变压器、电力线路输送分配给用户，再经电动机、电炉和电灯等用电设备，把电能转化为机械能、热能和光能。发电机、变压器、电力线路和各种用电设备构成电能生产系统的电力部分。动力部分和电力部分相互协调、相互配合，构成动能和电能生产的统一体称为电力系统。

动力部分和电力部分在生产上是不可分割的，但这并不表明二者的分析也是不可分的。的确，有些问题必须把动力部分和电力部分当成一个整体进行综合分析才能得出正确的结

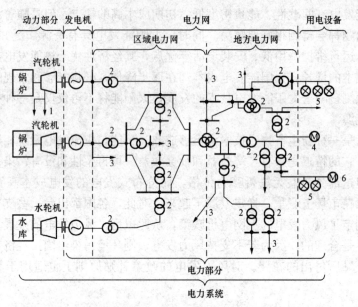

图 1-16　电力生产系统图

1—热力网；2—变压器；3—负荷；4—高压电动机；5—照明负荷；6—低压电动机

果，但也有些问题可对二者解耦处理，单独对电力（或动力）部分进行分析就可以解决问题。动力部分与电力部分所以能够解耦是因为二者的状态变化过程有很大差别。相对来说，动力部分的状态变化表现为慢过程，电力部分的状态变化则表现为快过程，分析电力部分过程的响应时，可以认为动力部分的状态是不变的，它的作用是给电力部分提供所需的边界条件。这样处理以后，进行电力部分的过程分析时，不需考虑动力部分的数学模型，从而使系统分析大为简化。简化后的系统仍称为电力系统，因为它具有未经简化电力系统的特征。

　　总之，电力系统可有广义和狭义两种理解。广义理解的电力系统包括动力和电力两部分，狭义理解的电力系统则只包括电力部分。使用电力系统这个术语时，一般不需明确区分广义和狭义，因为根据讨论问题的性质，意义是自明的。

　　发电机并网运行形成电力系统在技术上和经济上有十分明显的优越性，主要有以下几方面：

　　1. 减少总备用容量的比重

　　电力系统在运行中难免有些发电机要出故障，有些发电机要停机检修。如果电力系统中总装机容量正好等于该系统的最大负荷，则当某一机组发生故障时，势必引起对一部分用户停电，给用户造成损失。为避免这种情况发生，一般都是使装机容量稍大于最大负荷，这部分容量称为备用容量。由于备用容量在电力系统中是可以相互通用的，所以电力系统容量越大，它在总装机容量中占的百分比就越小。

　　2. 可以采用高效率的大容量机组

　　大容量机组效率高，节省原材料，占地少，运行费也少。但是，孤立运行的电厂或者总容量较小的电力系统，因为没有足够的备用容量，不允许采用大机组，否则，一旦机组因事故或因检修退出工作，将造成大面积停电，给国民经济带来极大损失。大电力系统，特别是大型联合电力系统，拥有足够的备用容量，非常有利于采用高效率的大容量机组。

3. 可充分利用水电厂的水能资源

水电厂发电受到季节的影响，在夏、秋丰水期水量过剩，在冬、春枯水期水量短缺，水电厂单独运行或在地区性电力系统中水电厂容量占的比重较大时，将造成枯水期缺电，丰水期弃水的后果。组成大电力系统后，水火电厂联合运行，丰水期水电厂多发电，火电厂少发电，并适当安排检修；枯水期火电厂多发电，水电厂少发并安排检修。这样可扬长避短，充分利用水能资源，减少煤炭消耗。不仅如此，水电厂进行增减负荷的调节比较简单，因而有水电厂的电力系统调频问题往往比较容易解决。

4. 减少总负荷的峰值

不同的地区由于生产、生活及时差、季节等各种条件的差异，它们的最大负荷出现的时间不同，如一个区域最大负荷出现在 17 点，另一个区域出现在 17 点半，两个区域连成电力系统后，最大负荷小于两个区域电力系统最大负荷之和，因而减少了需要装机的容量。

5. 提高供电可靠性

电力系统中有大量的发电机、变压器和输电线路，这些设备运行中难免发生故障。因为电力系统中所有电厂同时发生事故的概率远较单一电厂发生事故的概率小得多，所以组成电力系统后提高了对用户供电的可靠性，特别是增加了对重要用户供电的可靠性。

正是由于上述这些优点，世界上工业发达国家大多数都建立了全国统一电力系统。甚至相邻国家间的电力系统也用联络线连接起来，组成互联电力系统。

描述一个电力系统的基本参量有总装机容量、年发电量、最大负荷、额定频率、最高电压等级等。

（1）总装机容量。电力系统的总装机容量指该系统中实际安装的发电机组额定有功功率的总和，以 kW（千瓦）、MW（兆瓦）、GW（吉瓦）计。

（2）年发电量。电力系统的年发电量指该系统中所有发电机组全年实际发出的电能的总和，以 MWh（兆瓦时）、GWh（吉瓦时）、TWh（太瓦时）计。

（3）最大负荷。最大负荷一般指规定时间，如一天、一月或一年内，电力系统总有功功率负荷的最大值，以 kW（千瓦）、MW（兆瓦）、GW（吉瓦）计。

（4）额定频率。按国家标准规定，我国所有交流电力系统的额定频率均为 50Hz。国外则有额定频率为 60Hz 或 25Hz 的电力系统。

（5）最高电压等级。最高电压等级指该系统中最高电压等级电力线路的额定电压，以 kV（千伏）计。

第三节 电力系统的负荷

电力系统中接有为数众多、千差万别的用电设备，大致可分为异步电动机、同步电动机、各类电炉、电力电子设备、电子仪器、电灯等。它们分属于不同的工厂、企业、机关、居民等——即所谓电力系统的用户。用户是电力系统服务的对象，电力系统运行的好坏，归根到底要看对用户供电的质量而定。

用户用电设备的起动或停止对电力系统而言完全是随机的，无法估计一个单独的用电设备在某个时刻从系统中取用的功率，这一功率称为负荷。对一大批用电设备，其负荷仍有随机性，但却能显示出某种程度的规律性，这一规律性通过负荷曲线的描述较清楚。所谓负荷曲线就是指在某一时间段内用电负荷随时间变化的曲线。

每类负荷曲线按时间段划分的不同，还可以分为日负荷曲线、年负荷曲线，按描述负荷的范围的不同，还可以分成用户的负荷曲线、地区负荷曲线以及电力系统的负荷曲线。实际的负荷曲线是一条不间断地连续曲线，但在实际绘制时由于只能得到离散时间的实测（或估计）值，一般用折线法或阶梯法描绘。图1-17及图1-18分别表示出了用这两种方法绘成的日有功负荷曲线。其横坐标以小时为单位，长度为24h，表示一天之内有功负荷的变化状况。日有功负荷曲线应用最广，故常把它简称为负荷曲线。负荷曲线的最高点和最低点分别代表日最大负荷和日最小负荷，是电力系统运行中必须掌握的重要数据。日负荷曲线随着时间延伸到8760h，就构成了年有功负荷曲线。

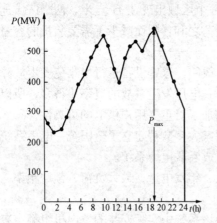

图1-17　有功日负荷曲线（折线法）　　　图1-18　有功日负荷曲线（阶梯法）

和有功负荷相似，无功负荷也在一天中不断变化，但变化平缓，因为像电动机和变压器这类设备，其励磁所需的无功功率仅与电压有关，并不随有功功率变化。

根据负荷曲线可以计算系统中用户的日用电量为

$$W = \int_0^{24} P \mathrm{d}t$$

进而可以求出日平均负荷为

$$P_{av} = \frac{W}{24} = \frac{1}{24}\int_0^{24} P \mathrm{d}t$$

为了反映负荷曲线的起伏情况引入一个负荷率的概念。负荷率计算式为

$$K_P = \frac{P_{av}}{P_{max}}$$

负荷率 K_P 值小表明负荷曲线起伏大，发电机的利用率较差。

负荷曲线对电力系统的运行有很重要的意义。它是安排日发电计划，确定各发电厂的发电任务以及确定系统的运行方式等的重要依据。

随着生产的发展、生活的改善以及季节的变化，每日的最大负荷不尽相同，一般是年初低，年末高，夏季小于冬季。把每天的最大负荷抽取出来按年绘成曲线，称为年最大负荷曲线，见图1-19。这种负荷曲线主要用来指导制订发电设备检修计划和制订新建、扩展电厂的计划等。

上一节已述及，为了确保系统中因有机组检修或个别机组突然发生故障退出运行时不减少对用户供电，系统中装设的机组总容量应当大于系统最大负荷，如图 1 - 19 所示。多出的部分称为备用容量。显而易见，检修机组应安排在负荷最小的时间；而且随着负荷的增长还应当不断装设新的发电设备。

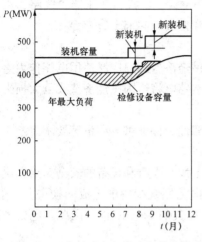

图 1 - 19 有功功率年最大负荷曲线   图 1 - 20 年持续负荷曲线

在电力系统的运行分析中，还经常用到年持续负荷曲线，如图 1 - 20 所示。它是把一年内每个小时的负荷按其大小排列而成，用于安排发电计划及可靠性估计。按此曲线可求出全年的电能消耗量为

$$W = \sum_{i=1}^{n} P_i t_i$$

式中：i 为由大至小出现的负荷的不同序号。

最大负荷利用小时数为

$$T_{\max} = \frac{W}{P_{\max}} = \sum_{i=1}^{n} P_i t_i / P_{\max}$$

不同性质的用户、不同的生产班次，最大负荷利用小时不同，根据运行经验统计出的不同类用户不同班次的最大负荷利用小时都有一个大致的范围，如表 1 - 1 所示。若已知某一类用户的最大负荷，再从表 1 - 1 中查出相应的最大负荷利用小时数，即可求出该类用户全年用电量的近似值。

表 1 - 1   各类用户年最大负荷利用小时

负荷类型	$T_{\max}$（h）	负荷类型	$T_{\max}$（h）
照明及生活用电	2000～3000	三班制企业	6000～7000
一班制企业	1500～2200	农业用电	1000～1500
二班制企业	3000～4500		

第四节   电力系统运行的特点及要求

电能的生产、输送、分配和使用与其它工业部门产品相比有明显的特点。

1. 电能不能储存

电能的生产、输送、分配和使用是在同一时刻完成的。发电厂在任何时刻生产的电能恰好等于该时刻用户消耗的电能，即电力系统中的功率每时每刻都是平衡的。

2. 暂态过程非常迅速

电能以电磁波的形式传播，传播速度为 300km/ms；发电机、变压器、线路、用电设备的投入或退出运行，都在一瞬间完成；故障的发生和发展时间都十分短促。

3. 和国民经济各部门间的关系密切

由于电能具有使用灵活、控制方便等优点，国民经济各部门广泛使用电能作为生产的动力，人民生活用电也日益增加，电能供应不足或突然停电将给国民经济造成巨大损失，给人民生活带来不便。

根据这些特点，对电力系统提出了保证供电可靠性、保证供电质量等要求。

1. 保证供电可靠性

中断用户供电，会使生产停顿，生活混乱，甚至危及人身和设备的安全，给国民经济造成极大损失。停电给国民经济造成的损失远远超过电力系统少售电造成的损失。一般认为，由于停电引起国民经济的损失平均值约为少售电量损失的 30~40 倍。因此，电力系统运行的首要任务是满足用户对供电可靠性的要求。

造成对用户停止供电的原因可能是由于电力系统的元件（如发电机、变压器、线路等）发生了故障，也可能是因为系统运行的全面瓦解（如稳定性破坏）。前者属于局部事故，停电范围和造成的损失比较小；后者是全局性事故，停电范围大，重新恢复供电需要很长时间，引起的损失很大。

保证供电可靠性，首先要求系统元件的运行具有足够的可靠性，元件发生事故不仅直接造成供电中断，而且可能发展成为全局性的事故。经验表明，电力系统的全局性事故往往是由于局部事故扩展而成。其次，要求提高系统运行的稳定性，增强抗干扰能力，保证不发生或不轻易发生造成大面积停电的系统瓦解事故。为此，除了要不断提高运行人员的技术水平和责任心外，要采用现代化的监测、保护和自动控制设备。

随着技术的进步，供电可靠性正在不断提高，但是保证所有用户的供电绝对可靠是困难的。考虑到不同用户因停电造成的损失相差很大，按其对供电可靠性的要求不同，将负荷分成三类：

第 I 类负荷：这类用户停电将造成人身事故，设备损坏，产品报废，生产秩序长期不能恢复，市政生活混乱等。

第 II 类负荷：该类负荷供电中断将造成大量减产，使人民生活受到影响。

第 III 类负荷：不属于第 I、II 类的负荷，如工厂的附属车间、小城镇及农村公用负荷等。

依据这种分类，供电企业可以采用不同的技术措施，满足各自的供电可靠性要求。

2. 保证电能质量

电能质量以电压、频率以及正弦交流电的波形来衡量。用电设备是按额定电压设计的，实际供电电压过高或过低都会使用电设备的运行技术指标、经济指标下降，甚至不能正常工作。一般规定，电压偏移不应超过额定电压值的 ±5%。频率的变化同样影响用户设备的正常工作。以电动机为例，频率降低引起转速下降，频率升高则转速上升，对转速有严格要求的用户,如纺织厂,其产品的质量可能降低。电力系统规定,频率偏移应不超过±0.2～±0.5Hz。

随着自动化及电子技术应用的发展,接入系统整流设备的增多,引起谐波比重增大,如不采取严格的滤波措施,将对用户产生不利影响。因此,检测和控制谐波成为维持电能质量的重要一环。

3. 提高电力系统运行的经济性

节约能源是当前各国普遍关注的一个大问题。电能生产的规模很大,消耗大量一次能源,在电能生产过程中应力求节约,减少能量消耗,最大限度地降低电能成本。为了达到运行经济的目的,要首先采用高效、节能的发电设备,提高发电运行的经济性,降低发电过程中的能源消耗;要合理发展电力网,降低电能在输送、分配过程中的损耗;要大力开展电力系统的经济运行工作,合理分配电厂之间的负荷,让经济性能好的发电厂多发电,差的少发电;充分利用水电资源,注意水、火电厂之间的合理调配,力求以少的水耗获得更多的电能。

第五节 电力系统的电压等级和规定

各种用电设备以及发电机、变压器都是按一定的标准电压设计和制造的。当它们运行在标准电压下时,它们的技术、经济性能指标都将发挥得最好。此标准电压就称为额定电压。

要满足用电设备对供电电压的要求,电力网应有自己的额定电压,并且规定电力网的额定电压和用电设备的额定电压相一致。

图 1-21 中,线路 ab 有功率通过时,将有电压降存在,因而首、末端电压不等,分别为 U_1 和 U_2。接在线路中的用电设备 LD1～LD5 所承受的电压也各不相同,为了使用电设备实际承受的电压尽可能接近它们的额定电压值,应取线路的平均电压 $U_{av} = \dfrac{U_1 + U_2}{2}$ 等于用电设备的额定电压。

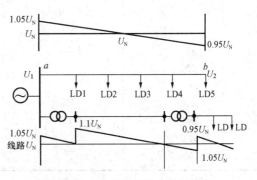

图 1-21 电力网各部分电压分布

由于用电设备一般允许其实际工作电压偏离额定电压±5%,而电力线路从首端至末端电压损耗一般为 10%,故通常让线路首端的电压比额定电压高 5%,让末端电压比额定电压低 5%。这样无论用电设备接在线路的哪一点,承受的电压都不超过额定电压的±5%。

发电机总是接在电力网的首端,所以它的额定电压应比所接电力网的额定电压高 5%。

变压器具有发电机和用电设备的两重性。如一次侧由电力网接受电能,相当于用电设备,二次侧供出电能,相当于发电机。因此规定:变压器一次侧额定电压等于电力网的额定电压。但是注意,与发电机直接连接的变压器,其一次侧额定电压应等于发电机额定电压。

变压器二次侧的额定电压定义为空载时的电压，变压器在载有额定负荷时内部阻抗上约有5％的电压损耗，为使变压器在额定负荷下工作时二次侧的电压高于额定电压5％，所以规定变压器二次侧的额定电压比用电设备额定电压高10％。如果变压器阻抗较小，内部电压损耗也较小，规定这种变压器的二次侧额定电压比用电设备额定电压高5％。

三相交流输电线路传输的有功功率为

$$P = \sqrt{3}UI\cos\varphi$$

输送的功率一定时，线路的电压越高，线路中的电流就可以越小，所以导线的截面可以减小，用于导线的投资也越小，同时线路中的功率损耗、电能损耗也都相应减少。但是电压越高，要求的绝缘水平越高，除去杆塔投资增大，线路走廊加宽外，变压器、开关等的投资也越大。这表明电压选得过高或过低都不合理，对应一定的输送功率和输送距离，应有合理的电压。当然这个合理的电压也不能是随意的数值，而只能是国家规定的标准电压中的一种。电力工业发展的经验表明：标准电压等级过多或过少都不利。过多使设备制造部门的生产复杂化，增大了设备成本，运行管理部门也因电压层次过多而管理运行困难；过少则使电力部门合理地选择电压等级有一定困难。综合考虑各种因素的影响，国家制定了适合我国国情的一系列标准电压，其中高于1kV的额定电压列于表1-2中。

表1-2　　　　　　　　　　　　电力系统的标准电压

用电设备额定电压 （kV）	交流发电机额定电压 （kV）	变压器额定电压（kV）	
		一次绕组	二次绕组
3	3.15	3 及 3.15	3.15 及 3.3
6	6.3	6 及 6.3	6.3 及 6.6
10	10.5	10 及 10.5	10.5 及 11
—	15.75	15.75	—
35	35	35	38.5
60	60	60	66
110	110	110	121
220	220	220	242
330	330	330	363
500	500	500	525 及 550
750	750	750	825

注　1. 变压器一次绕组栏内的 3.15、6.3、10.5、15.75kV 电压适用于与发电机直接连接的变压器；

　　2. 变压器二次绕组栏内的 3.3、6.6、11kV 适用于阻抗在 7.5% 以上的降压变压器；

　　3. 现在正在研究新增设 1000kV 特高电压等级，以加强西电东送、全国联网。

第六节　我国电力工业的发展

我国地域辽阔，能源资源丰富。水利资源理论蕴藏量 6.8 亿 kW，居世界第 1 位。煤炭品种齐全，蕴藏量占世界第 2 位。石油和天然气资源也很丰富，可利用的风力资源约为 1.6 亿 kW。此外，潮汐能、地热能、核燃料、太阳能均很丰富。它们是我国电力工业雄厚的物质基础。

　　1882年7月26日我国第一座火电厂开始发电，这是由英国人在上海投资兴办的，机组容量为12kW。国人投资自办的第一座电厂，建在清宫廷，称西苑电灯公司。到1949年，中华人民共和国成立时，全国发电装机容量为185万kW，年发电量43亿kWh，分别居世界第21位和25位。

　　解放后，我国的电力工业实行由政府统一规划、投资和管理的体制。政府对电力工业发展非常重视，把电力工业比作国民经济的"先行官"。在政府的大力推动下，电力工业蓬勃发展，1949～1980年的30年间发电装机容量的年平均增长率为12.45%，至1980年底，全国总装机容量增至6587万kW，列居世界第8位，年发电量增至3006亿kWh，列居世界第6位。

　　改革开放后，经济快速增长，推动了我国电力工业的腾飞。特别是从1985年开始，国家推行多家办电、多渠道筹资办电和利用外资办电的政策，并通过实行"还本付息电价"（1985～2001年）和"燃运加价"等多种电价政策，促进发电领域投资主体多元化，电力工业呈持续高速发展的态势，发电设备容量增长快速，1987～1991年每年新增发电装机容量超过1000万kW，1991～1998年每年新增装机容量超过1500万kW，增长速度居世界首位。至1998年末全国总装机容量达2.77亿kW、年发电量达到11577亿kWh，两项指标 均超过了日本、俄罗斯，仅次于美国，居世界第2位。到2005年底，发电装机容量达到5.1亿kW（如图1-22所示）、发电量24000亿kWh。照此速度发展下去，预计在2020年前后全国发电装机总量将超过美国，跃居世界第1位。

　　自1980年以来我国电网装机容量逐年增长情况和用电量逐年增长情况，分别如图1-23和图1-24所示。

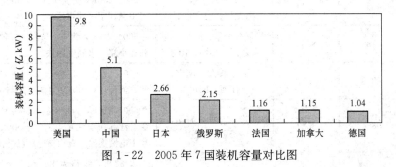

图1-22　2005年7国装机容量对比图

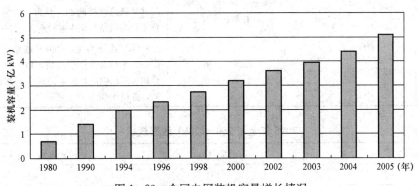

图1-23　全国电网装机容量增长情况

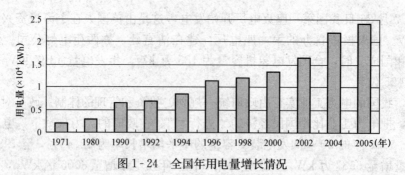

图 1-24　全国年用电量增长情况

　　1997 年我国电力工业实行了以政企分开为特征的体制改革，组建了国家电力公司，国家电力公司依法经营国有电力资产，不拥有政府管理电力的职能；2002 年底我国电力工业再次实行实质性的电力体制改革，国家电力公司被拆分为国家电网公司、南方电网公司和五大发电集团公司，继而，成立了由国家电网公司出资组建的五大区域电网公司（东北、华北、华东、华中和西北电网有限公司），为开展区域电力市场竞争创造了条件。

　　现今，我国六大区域电网，分别是东北、华北、华东、华中、西北及南方电网，每个大区电网又就近和相邻的大区电网建立了一定的联系。有关全国电网的重要数据分别示于表1-3～表 1-5 中。

表 1-3　　　　　　　　　　　　　　　　　2005 年全国电网概况

电网名称	装机容量（万 kW）	最高负荷（万 kW）	地理范围	基　本　情　况
东北电网	4383	3141	辽宁、吉林、黑龙江、内蒙东部	500、220kV 为主干线，500kV 线路从内蒙元宝山至辽宁，并将延伸至吉林、黑龙江
华北电网	8786	8035	北京、天津、河北、内蒙西部、山西、山东	500、220kV 为主干线，500kV 线路连接山西、京津，水利资源缺乏
华中电网	8233	5959	河南、湖北、湖南、江西、四川	500、220kV 为主干线，500kV 线路连接湖北、河南，±500kV 直流线路与华东电网连接
华东电网	9851	8587	上海、江苏、浙江、安徽、福建	500、220kV 为主干线，500kV 线路分别从安徽、江苏和浙江至上海，±500kV 直流线路与华中电网连接，秦山核电厂已并网
西北电网	2772	1993	新疆、陕西、青海、甘肃、宁夏	以 330kV 线路为主，2005 年官亭至兰州东750kV 线路连接陕西、甘肃、青海、新疆，以背靠背换流站与华中电网连接
南方电网	5767	5220	贵州、云南、广东、广西	220kV 线路为主，500kV 线路连接沙角至江门，天生桥水电厂建成后，以 500 kV 向广西、贵州、广东供电，大亚湾核电厂将以 500kV 并网，并以 400kV 向香港送电

表 1-4　　　　　　　　　　　　　　2005 年全国 750～220kV 线路规模

电压等级（kV）	长度（km）	输送容量（万 kVA）
750	141	300
500	58309	25105
220	181595	55830

发电类型	容量（亿 kW）	比例（%）	最大单机容量（万 kW）	地点
火电	3.84	75.6	90	外高桥
水电	1.16	22.9	70	三峡
核电	0.685	1.35	98	岭澳
其他	0.91	0.15		
总装机	5.08			

表 1 - 5　　　　　2005 年全国发电容量构成情况

综上所述，我们在电力工业的发展上取得的成就是巨大的，这些成就主要体现在：

（1）近 20 多年来电力工业一直保持快速增长，发展速度一直居世界首位。按此速度增长，预计我国将在 2020 年前后，在装机总容量和发电量方面超过美国，跃居世界首位。

（2）长江三峡水电厂预计在 2009 年全部建成，总装机容量 1820 万 kW，年发电量 847 亿 kWh，装机容量和年发电量均具世界第一。

（3）大力发展可再生能源方面取得了重要进展。对风力发电的政策倾斜导致了风力发电的快速发展，近年来风力发电的发展速度一直保持世界首位。风力发电的发展势头必将推动其它分布式可再生能源发电的发展。

（4）自 1965 年纽约大停电以来，世界发电大国多次发生大停电事故，造成不可估量的损失。我国也是发电大国，但从未发生过具有世界级别的大停电事故。在大电力系统安全运行方面，我们创造了世界奇迹。

我国在电力工业发展上取得的成绩值得骄傲，但不应忘记我国有 13 亿人口，按人口平均的用电指标，还远低于发达国家。

我国电力系统的发展历史是从 1882 年孤岛发电开始，20 世纪 40 年代是地区电力系统，50 年代是省级电力系统，70 年代发展成区域电力系统，到 90 年代发展成跨区联合电力系统。我国"十一五"的目标是全面建设小康社会，配合这个目标，电力工业要以更快的速度发展。对其主要的要求是：

1. 继续发展燃煤火电厂，提高发电效率，减少环境污染

燃煤火电厂要采用大型发电单元，逐步淘汰小型低效机组，研究和采用清洁煤技术。

2. 加速建设水电

水电是可再生的清洁廉价能源，主要问题是建造水电厂投资大、周期长。随着国力的增长，我国开始进入高速发展水电时期，即将成为世界水电首强。

3. 积极发展核电

核电是一种清洁能源，核能的储藏量大，发电成本低，特别适宜于在大型负荷中心，又缺乏煤、水资源的地区发展。我国即将进入核电积极发展时期。

4. 积极发展可再生分布能源发电

风能、太阳能、秸秆等都是可再生分布能源，由于能量分散，不能集中利用，只能建设小型分布式发电，主要问题是发电成本高于当前电力系统的发电成本。考虑到化石能源的不可再生，迟早要被可再生能源取代，国家制定了对分布可再生能源发电的倾斜政策，支持可再生分布式发电的发展。我国对风力发电的支持政策，已经极大地促进风力发电的发展。相信，在倾斜政策的支持下，太阳能发电、风力发电、秸秆发电也将进入大发展时期。

5. 完善电力市场

从 20 世纪 80 年代推行电力市场化改革以来，电力的发展速度更快了，长期缺电的问题得到了较好的解决，电力市场改革初见成效。实践表明，电力市场化改革是正确的，应该进一步深化和完善电力市场，保障电力工业的可持续发展。

6. 大力发展联网

我国能源集中在西部地区，经济发达地区集中在东部沿海地区，要采用超高压和特高压输电，带动大区联网才能实现国家资源的合理利用。

练 习 题

1-1　衡量电能质量的指标有哪些？

1-2　我国电力工业的成就有哪些？

1-3　我国电力工业发展的目标是什么？

1-4　什么叫线路的平均电压？

1-5　给出电力系统、电力网定义和基本构成形式。

1-6　电力系统运行有什么特点？对电力系统运行的基本要求是什么？

1-7　何谓电力网的额定电压？为什么输电电压要不断提高？

1-8　为什么对于远距离输电线路电压等级越高越经济？

1-9　电力系统中各个元件（设备）的额定电压是如何确定的？

1-10　试述我国电压等级的配置情况。

1-11　在电力系统正常状态下，受端用户的电压最大允许偏差是多少？

1-12　根据发电厂使用一次能源不同，指出发电厂主要有哪几种类型？

1-13　什么是可再生能源？为什么要发展可再生能源发电？都有哪些可再生能源可供发电？

1-14　何谓分布式发电？为什么要提倡分布式发电？

1-15　发展可再生能源发电为什么需要国家政策的支持？

1-16　什么是电力系统的负荷曲线？

1-17　为什么要研究负荷曲线？负荷曲线主要包括哪几种？研究负荷曲线的目的是什么？

1-18　根据对用电可靠性的要求，负荷可以分成哪几类？

1-19　最大负荷利用小时指的是什么？

1-20　名词解释：总装机容量、年发电量、最大负荷、额定频率、最高电压等级。

1-21　解释以下名词和术语：核裂变、核聚变、可控核裂变、热中子反应堆、快中子反应堆、压水堆、沸水堆。

1-22　解释以下名词和术语：堤坝式水电厂、引水式水电厂、混合式水电厂、抽水蓄能水电厂、梯级水电厂、凝汽式火电厂、热电厂。

1-23　解释以下术语：光伏发电、并网光伏发电系统、离网光伏发电系统。

1-24　解释专用名词：化石能源、一次能源、二次能源。

第二章　电力系统的接线

　　无论电力系统在正常工况下运行的经济性，调度操作的灵活性、方便性，供电的可靠性，还是系统在故障工况下进行故障隔离、检修，修复后的供电恢复操作甚至电气设备的选择等等，都与电力系统接线方式密切相关。以研究对象而言，电力系统接线涉及两方面内容：其一是发电厂、变电站内的电气主接线；另一部分是发电厂、变电站之间的连接关系，即电力系统的接线。了解电气主接线、电力系统接线的基本形式、特点是做好电力系统设计、运行和操作工作的前提。

第一节　电气主接线

一、主接线及其基本要求

　　发电厂和变电站是电力系统的重要组成部分，主接线是发电厂、变电站及电力系统输送电能的通路。主接线是由发电机、变压器、断路器、隔离开关、互感器、母线、电缆等电气设备及连接线按照一定顺序的连接，用一定的文字和符号表示产生、汇集和分配电能的电路接线。电气主接线图通常都用单线图表示，这样可使主接线图简单、清晰、明了；但是在个别地方必须用三相图表示时要同时绘出局部三相接线图。

　　电气主接线的拟定，与电气设备的选择，配电装置的布置，继电保护和自动装置的确定，运行可靠性、经济性以及电力系统稳定性、调度灵活性都有着密切关系，所以确定主接线是设计和运行中一项最重要而复杂的任务。

　　由于电能生产的特点是发电、变电、输电和用电在同一时间内完成，所以主接线设计好坏直接影响到工农业生产和人民生活。因此，主接线的设计必须首先符合国家有关技术经济政策，有关法规、规定和标准，同时还应考虑以下基本要求，使其技术先进、经济合理、安全可靠：

　　（1）满足用户或电力系统对供电可靠性和电能质量要求。要求在运行中发生事故几率尽可能少，一旦发生故障，影响范围要小，中断供电时间要短。

　　（2）具有一定的灵活性。主接线应能适应各种工作情况和运行方式，能根据运行情况方便地退出和投入电气设备。当检修设备时，尽可能减少中断供电。

　　（3）接线简单、清晰，操作维护方便。

　　（4）技术先进，经济合理。

　　（5）便于发展和扩展（水电厂考虑过渡）。

　　以上五条基本要求可归结为技术和经济两方面要求，应用时还应进一步具体分析。首先应满足技术要求，而后力争最经济，过分地追求技术和经济性都是片面的，会造成不良后果。

二、主接线基本形式

　　主接线的基本形式，就是主要电气设备常用的几种连接方式，概括地可分为两大类：①

有汇流母线的接线；②无汇流母线的接线。

发电厂和变电所电气主接线的基本环节是电源（发电机或变压器）、母线和出线（馈线）。各个发电厂或变电所的出线回路数和电源数不同，且每路馈线所传输的功率也不一样。在进出线数较多时（一般超过 4 回），为便于电能的汇集和分配，采用母线作为中间环节，可使接线简单清晰，运行方便，有利于安装和扩建；但有母线后，配电装置占地面积较大，使用断路器等设备增多。无汇流母线的接线使用开关电器数量较少，占地面积小，一般适用于进出线回路少，不再扩建和发展的发电厂或变电所。

（一）有汇流母线的电气主接线

1. 单母线接线

图 2-1 为单母线接线图，这是一种最简单的接线型式。它仅有一组母线，电源和引出线都通过二组隔离开关和一组断路器接入母线。主母线保证电源 G1 和电源 G2 并联工作，同时任一引出线可以从母线获得电源。所以主母线起到汇流和分配电能的作用。

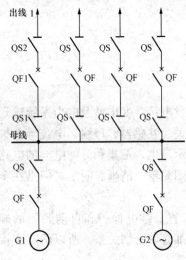

图 2-1　单母线接线

在单母线接线中靠近主母线侧的隔离开关称之为母线隔离开关；而靠近出线侧的隔离开关称之为出线隔离开关。值得注意的是，当隔离开关与断路器联合操作时，应遵守隔离开关"先通后断"或者在等电位的情况下操作的原则。如出线 1 停电时，应先断开断路器 QF1，然后依次断开出线隔离开关 QS2 和母线隔离开关 QS1；若出线 1 送电时，先依次合母线隔离开关 QS1 和出线隔离开关 QS2，然后合断路器 QF1。除了要严格遵守操作规程外，还应优先采用加装有闭锁装置的断路器。

单母线接线主要优点是接线简单、清晰，操作方便；所用电气设备少，配电装置造价低；隔离开关仅作为隔离电源用，不作为操作电器，可减少误操作机会。

单母线接线主要缺点是可靠性、灵活性差。若母线或母线隔离开关故障或检修时，所有回路必须停止运行，直待修复完毕才能恢复供电。故这种接线只适用于可靠性、灵活性要求不高，小容量的配电装置，若采用成套开关柜可相应地提高可靠性。

为了克服单母线接线的缺点，一般可采取主母线分段和加旁路母线等措施。

图 2-2 所示为用断路器 QF1 将主母线分为Ⅰ、Ⅱ两段的单母线分段接线。分段断路器 QF1 装有继电保护，它的工作状态可以是闭合也可以是断开。在正常情况下，分段断路器 QF1 若闭合，两段母线则并联运行，当任一段母线故障，在母线继电保护作用下，分段断路器和连接在其母线段上的所有回路断路

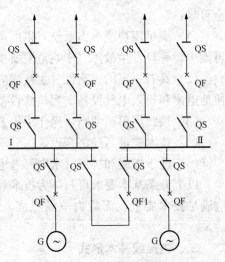

图 2-2　单母线分段接线

器均自动跳开，非故障母线段仍可继续工作。若在正常情况下，分段断路器 QF1 断开，则可以减小系统短路电流；两段母线分列运行，因装有备用电源自动投入装置，当任一电源故障，其断路器自动断开，然后在备用电源自动投入装置的作用下，分段断路器 QF1 自动接通，保证引出线继续供电。

分段的单母线接线保留了单母线接线优点，同时提高了重要用户供电的可靠性，因为重要用户可以分别从不同分段母线上取得双回路供电。由于母线被分段，就可以轮流检修分段母线，总可以保留一半用户继续供电，从而提高了供电可靠性。同时由于当一段母线故障仍有一半用户继续供电，从而缩小了事故范围。

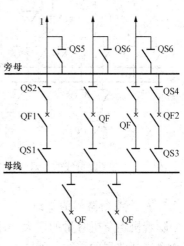

图 2-3 所示为单母线加旁路母线的接线，有了旁路母线就可以做到检修出线断路器时出线不停电。在带旁路的单母线接线中除有一组主母线外，还有一组旁路母线及相应的隔离开关，旁路母线经旁路隔离开关与每一条出线连接，母线通过旁路断路器 QF2 及相应的隔离开关 QS3、QS4 与旁路母线连接。平时 QF2 是断开的，两侧隔离开关 QS3 和 QS4 是闭合的，旁路母线平时不带电。当要检修任一出线断路器（如 QF1 时），应首先合旁路断路器 QF2 向旁路母线充电 3~5min，若无问题即可合上 QS5，出线 1 同时从主母线和旁路母线供电，这时就可以断开出线断路器 QF1 及两侧相应的隔离开关 QS2 和 QS1，由 QF2 代替 QF1 工作，而出线并不中断供电。当出线断路器 QF1 检修完毕要恢复正常工作时，

图 2-3 单母线带旁路母线接线

可先接通 QF1 两侧的隔离开关 QS1 和 QS2，再接通断路器 QF1，然后断开旁路断路器 QF2及两侧隔离开关 QS4 和 QS3 以及旁路隔离开关 QS5。

带有旁路母线的单母分段接线具有足够的可靠性和灵活性，适用于出线回路数较多、容量不很大的中小型发电厂和电压为 35~110kV 的变电所。

2. 双母线接线

综上所述，单母线接线具有接线简单、清晰，操作方便及易于发展的优点。但是，当有大量重要用户且系统中没有备用线路，这时为保证供电可靠性和灵活性，就应采用双母线接线。

图 2-4 所示为单断路器的双母线接线。这种接线具有两组主母线，每回路通过一组断路器和三组隔离开关分别连到两组母线上，两组主母线通过母联断路器 QF1 连接。双母线接线由于有两组母线就可以做到：

（1）轮流检修主母线而不中断供电；

（2）检修任一回路母线隔离开关时，只断开该回路；

（3）工作母线发生故障，可将全部回路转换到备用母线上，以便迅速恢复供电；

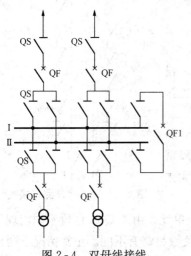

图 2-4 双母线接线

（4）两组母线带有均衡负荷，当母联断路器投入并联运行时，相当于单母线分段接线的

作用；

（5）任一回路运行中的断路器故障、拒绝动作或不允许操作时，可利用母联断路器代替之，以断开该回路而检修故障断路器。

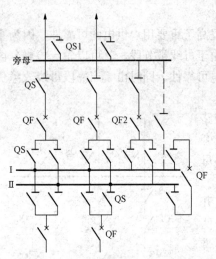

图 2-5　带旁路母线的双母线接线

由此看来，双母线接线具有较高的可靠性和灵活性；但接线复杂、设备多、造价高，母线故障仍需短时停电。它最主要的缺点是在倒闸操作过程中隔离开关作为操作电器，易引起误操作。

图 2-5 所示为带旁路母线的双母线接线。有了旁路母线，可以做到检修出线断路器时出线不停电。在出线回路数较少的情况下，为节约投资可将母联断路器和旁路断路器合并为一组断路器，只须增加一组隔离开关即可。

旁路母线多用于 35kV 以上电网，因为电压越高，断路器检修时间越长，停电时间也越长，有了旁路设施就可克服这一缺点。当出线回路数较多，而且检修出线断路器又不允许停电的情况下均应设置旁路母线。

3. 一个半断路器的接线

随着机组单机容量的增大和超高电压等级的出现，为了提高供电灵活性和可靠性，可采用一个半断路器的接线，如图 2-6 所示。此种接线有两组主母线，有三组断路器串接在两组母线之间，三组断路器控制着两条回路，故又名为 3/2 接线。此种接线即使两组母线同时故障也不会停止供电，除联络断路器（如 QF2 和 QF5）同时故障或检修外，其它任何断路器故障或检修都不会中断供电，隔离开关均不作为操作电器，因而此接线具有很高的可靠性和灵活性。目前我国 500kV 超高压系统大都采用此种接线。

（二）无汇流母线的电气主接线

无汇流母线的接线，其最大特点是使用断路器数量较少，一般采用断路器数等于或小于出线回路数，从而结构简单，投资小，一般在 6～220kV 级电气主接线中广泛采用。该类主接线常见的有以下几种基本形式。

1. 桥形接线

主母线起到了汇总和分配电能的作用，但若主母线故障就会引起较大面积停电，同时为了减少断路器数目，出现了无主母线的桥形接线。

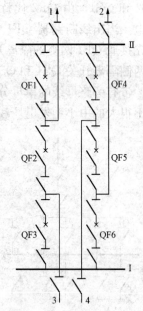

图 2-6　一个半断路器接线

图 2-7 所示为桥形接线，桥路上断路器 QF3 连接两个单元。由于 QF3 位置不同出现了内桥接线和外桥接线，两种接线断路器数目相同，隔离开关数目略有不同。正常情况下两种接线运行状况相同，但当故障或检修时，两种接线状况大不相同。如当出线 1 故障，内桥接线只跳 QF1，T1 继续运行；而在外桥接线中 QF1、QF3 均跳，T1 被切除，要恢复 T1 必须

拉开 QS3，合 QF1、QF3。如若主变压器 T1 故障或检修，内桥接线要跳开 QF1、QF3，要恢复出线 1 供电，首先拉开 QS1，再合 QF1、QF3；而外桥接线仅停 QF1 及相应隔离开关就行了。所以内桥接线适用于线路较长，主变压器不经常切除的情况；而外桥接线适用于线路较短，主变压器需经常切除，且有穿越功率的情况。

桥形接线简单清晰、使用电器少，具有一定的可靠性和灵活性，适用于具有两进两出回路的情况或者作为一种过渡接线。

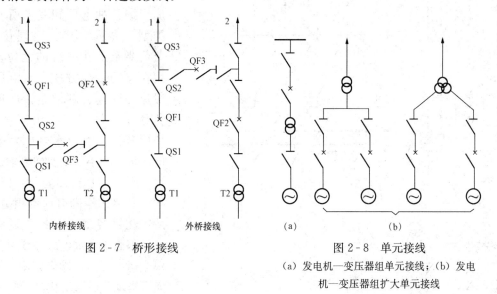

图 2-7　桥形接线

图 2-8　单元接线

（a）发电机—变压器组单元接线；（b）发电机—变压器组扩大单元接线

2. 单元接线

几个元件直接串联，其间没有横向联系的接线称为单元接线，它也是无主母线的接线。图 2-8 所示为几种单元接线。

单元接线简明清晰、故障范围小、运行可靠灵活、设备元件少、配电装置布置简单方便。单元接线主要缺点是当单元中任一元件故障，即可引起整个单元停止工作。不过现代的发电机和变压器可靠性相当高，上述缺点并不突出。目前大中型电厂没有发电机端电压负荷，均采用单元接线。

3. 角形接线

角形接线没有集中的母线，相当于把单母线用断路器按电源和引出线数目分段，且连成环形的接线。常用的角形接线有三角形接线、四角形接线等，如图 2-9 所示。

角形接线由于没有主母线，就不存在主母线故障的缺点；检修任一台断路器，进出线完全可以不停电，只需断开断路器和两侧隔离开关即可，隔离开关不作为操作电器。角形接线具有较高的供电可靠性、运行灵活性

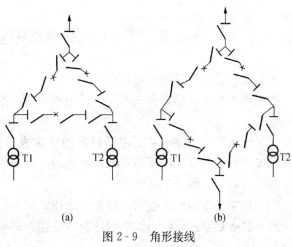

图 2-9　角形接线

（a）三角形接线；（b）四角形接线

和经济性。角形接线的主要缺点是当检修断路器时，角形接线就变成开环运行，如果再有一台断路器故障，就可能造成停电；角形接线会使继电保护复杂，选择设备容量过大等。角数越多，这些缺点越突出。因此角形接线主要采用三角形接线和四角形接线。

三、主接线举例

图 2-10 为典型的水电厂的主接线图。设计主接线方案时，应根据各种电厂和变电所不同类型、容量大小、地理位置、负荷要求及在系统的地位，采用相应的接线方式。水电厂一般建在江河、湖泊附近，远离负荷中心，或建在山区峡谷，地形复杂，因而水电厂发电机电压负荷很小，主要向外输送能量。同时，由于水电厂生产过程比较简单，停机启动都很方便，所以在系统中一般担负调频任务，因而要求水电厂接线尽量简单，运行灵活，操作方便，便于实现自动化、远动化。

在大容量发电厂和变电所中，短路电流有时可能达很大数值。因此，在设计主接线时

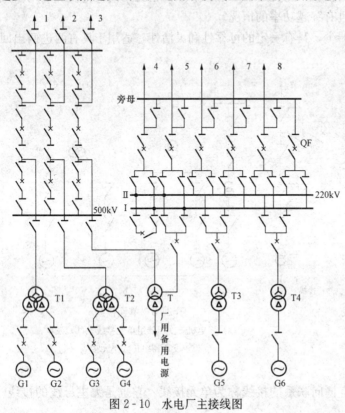

图 2-10　水电厂主接线图

还应采取措施限制短路电流，以便采用价格便宜的电力设备和截面较小的母线、电缆和线路。通常在发电厂中采取的限流方法：一是增大短路回路电抗值，如选择适当的主接线形式和运行方式，如采用单元接线和主变压器低压侧分裂运行都可以增大回路阻抗；二是安装出线电抗器和母线分段电抗器；三是采用分裂绕组变压器也可有效地限制短路电流。

第二节　电力设备及其选择的一般原则

一、电力设备选择的一般原则

各种电力设备，尽管型式不同，作用和性能也不完全一样，但电力系统对它们有以下的共同要求：

（1）绝缘安全可靠，高压电器设备的绝缘能力既要能承受工频最高工作电压的长期作用，也要能承受内部过电压和外部过电压的短时作用；

（2）具有一定的过负荷能力；

（3）正常工作电流通过时，能正常工作，正常运行时发热不得超过允许温度；

（4）具有足够的动稳定性能和热稳定性能，即能承受短路电流电动力效应和热效应而不损坏；

（5）工作性能可靠、结构简单、成本低廉。

为了保证电气设备安全可靠运行，必须根据以上基本要求合理选择设备。

二、母线、电缆、绝缘子

1. 裸露母线

发电厂、变电所中各级电压配电装置的母线，各种电器之间的连接线，发电机、变压器等电力设备与相应配电装置母线之间的连接线，统称为母线。它起到连接各种电力设备、汇集分配和传送电能的作用。母线有较大功率通过，短路时又承受着很大的发热和电动力效应，所以要合理选择母线，以达到安全、经济运行目的。

母线一般采用铝材，只有在持续工作电流较大，且位置特别狭窄的发电机出线端部或有较严重腐蚀场所才选用铜材。

母线截面形状要满足散热良好，截面系数大，集肤效应小，安装检修简单和连接方便等要求，工程上多采用矩形、双槽形、圆管形截面，如图 2 - 11 所示。当工作电流大于 8000A 时采用封闭母线。目前我国在单机容量为 200MW 及以上机组出口均采用封闭母线，有效地解决了过大的电动力和母线附近钢构发热问题。在屋外配电装置中大多采用钢芯铝绞线作为母线，称为软导线。当母线通过较大电流，单根绞线不能满足要求时，可采用组合导线。组合导线是把许多根铝绞线用金具固定的导体，它载流量大、散热好。对于矩形、双槽形、圆管形的硬母线，都要涂上油漆以识别相序，增加辐射散热能力和防腐蚀。其颜色标志为：

三相交流：A 相——黄色；B 相——绿色；C 相——红色。

直流：正极——红色；负极——蓝色。

中性线：接地中性线——紫色；不接地中性线——白色。

矩形　　　　　　　圆管形　　　　　　　双槽形

图 2 - 11　母线截面形状

2. 电力电缆

电力电缆是发电厂变电所中的重要组成部分，与裸导线相比，电力电缆布置紧凑，可以在地下沟道和构架上敷设，显得很灵活；主要缺点是散热差、载流量小，有色金属利用率低，价格高，导线故障的修复不便等。电力电缆品种很多，我国生产的 6～330kV 各电压等级高压电力电缆根据绝缘类别可分为油浸纸绝缘电缆、橡皮绝缘、塑料绝缘电缆和高压充油电缆等。我国制造的有 110、220、330kV 的充油单芯电缆。

3. 绝缘子

绝缘子是母线结构的重要部分，绝缘子应具有足够的绝缘强度与机械强度，并有较好的耐热耐潮防污性能。绝缘子按其作用分为电站用绝缘子、电器用绝缘子和线路绝缘子。

电站用绝缘子的作用是支撑和固定发电厂、变电站屋内外配电装置的硬母线，并使母线与地绝缘。电站绝缘子又分支柱绝缘子和套管绝缘子，后者用于母线穿过墙壁或楼板处起绝缘作用。

　　电器绝缘子用来固定电器的载流部分，分支柱绝缘子［见图 2 - 12（c）］和套管绝缘子。

　　线路绝缘子用来固结架空输电线的导线和屋外配电装置的软母线，并使它们之间以及它们与接地部分之间绝缘。线路绝缘子又分为针式绝缘子和悬式绝缘子两种，如图 2 - 12（a）、（b）所示。

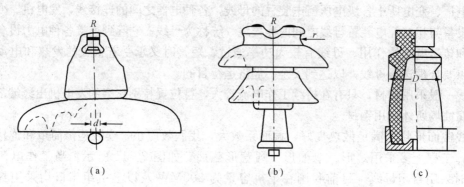

（a）　　　　　　　　（b）　　　　　　　　（c）

图 2 - 12　绝缘子外形图
（a）悬式绝缘子；（b）针式绝缘子；（c）支柱绝缘子

三、高压断路器

　　高压断路器是高压开关设备中最重要最复杂的开关电器，既能切断正常负荷电流，又能迅速切除短路故障电流，同时承担着控制和保护的双重任务。大部分断路器能进行快速自动重合闸操作，在排除线路临时性故障后，能及时地恢复正常运行。

　　机械式断路器一般是用触头的位移来开断电路电流的，而在开断过程中当两触头间电压高于 10～20V，通过其间的电流大于 80～100mA 时，就会在动、静触头间产生电弧。尽管此时电路连接已被断开，而电路的电流还在继续流通，直到电弧熄灭，动、静触头间隙成为绝缘介质后，电流才真正被断开。触头间电弧的产生在开断或接通电路中是不可避免的，其强度与开断回路的电压高低、电流大小有关，电压越高，开断电流越大，则电弧燃烧越强烈。交流电弧的熄灭在很大程度上取决于电弧周围介质的特性，采用灭弧性能强的新型介质，可促进电弧的熄灭。

　　根据灭弧介质不同，断路器可分为油断路器、空气断路器、六氟化硫断路器、真空断路器等。

　　油断路器可分为多油式、少油式。多油式断路器中油作为灭弧介质和绝缘介质，同时也用于对地绝缘。多油断路器体积大，消耗油量和钢材多，增加了火灾和爆炸的危险性，不过它结构简单，工艺要求低，使用可靠，气候适应性强。我国目前只生产 35kV 电压等级的多油断路器，如图 2 - 13 所示。少油断路器（如图 2 - 14 所示）中油仅作为灭弧介质，不用作主要绝缘介质，因此用油量少。空气断路器是以压缩空气为灭弧介质。与油断路器相比较，它灭弧能力强，能快速动作，防火防爆，低温下能可靠动作，体积小，维护检修方便；但结构复杂，工艺要求高，特别是需要配备一套压缩空气辅助设备。我国制造的空气断路器主要是 220kV 和 330kV 等级。国外已有 750kV 电压等级的空气断路器。

　　SF_6（六氟化硫）断路器是 20 世纪 80 年代广泛采用的断路器，以 SF_6 气体作为灭弧和绝缘介质。它切断性能好，开断能力大，动作迅速，防火防爆；缺点是结构复杂、工艺要求高，对环保有影响。SF_6 断路器在 220kV 及以上电压等级已被广泛应用。

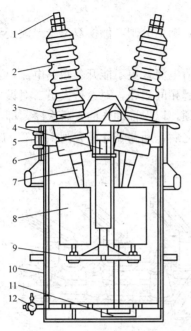
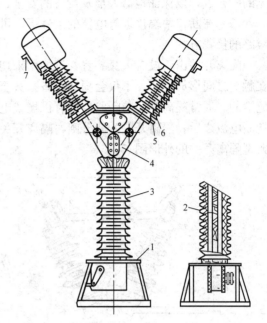

图 2-13　35kV 多油断路器的单相结构图

1—导电杆；2—绝缘瓷套；3—油箱盖；4—传动机构；

5—油标；6—电流互感器；7—电容式套管；

8—灭弧室；9—动触头及横担；10—油

箱箱身；11—电热器；12—放油阀

图 2-14　SW6-110GA 型少油断路器外形图

1—底架（角钢架）；2—提升杆；3—支柱瓷套；

4—中间机构箱；5—灭弧室；6—均压电容；

7—接线板

真空断路器的动静触头密封在真空灭弧室内，利用真空作为绝缘介质和灭弧介质。它灭弧速度快、触头材料不易老化、体积小、无噪声、无爆炸可能性，是一种很有发展前途的电器设备。

断路器型号表达方式：

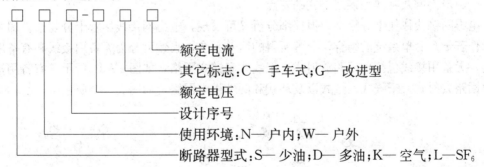

额定电流

其它标志：C— 手车式；G— 改进型

额定电压

设计序号

使用环境：N— 户内　W— 户外

断路器型式：S— 少油；D— 多油；K— 空气；L—SF$_6$

如型号 SW6—110G/1200 的含义为户外 110kV 改进型、设计序号为 6、额定电流 1200A 的少油断路器。

四、隔离开关

隔离开关是一种没有灭弧装置的开关电器，在分闸时有明显可见断口，在合闸状态能可靠地通过正常工作电流和短路电流；主要特点是在有电压无负荷电流情况下，用于分、合电路。它的主要作用为：

（1）分闸后建立可靠的绝缘间隙，使需要检修的线路或电力设备与电源隔开，有明显可見的断开点，以保证检修人员及设备的安全；

（2）在断口两端接近等电位的条件下，可进行合闸、分闸，倒换双母线或改变不长并联线路的接线方式。

隔离开关由于没有灭弧装置，不能用来切断负荷电流，更不能开断短路电流，否则将会在触头之间形成电弧，不仅会损坏设备，甚至会引起相间短路，对运行人员、对设备都将是危险的。通常隔离开关与断路器都有机械或电气连锁，以保证动作的先后次序，即在断路器切断电流之后，隔离开关才能分闸，隔离开关合闸之后，断路器才能合闸。图 2-15 为两种典型隔离开关的外形图。

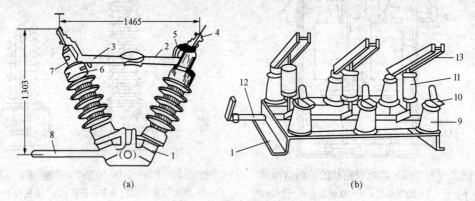

图 2-15　隔离开关外形图

(a) GW5—110D 型隔离开关外形图；(b) 户内式隔离开关的典型外形图

1—底座；2、3、12—闸刀；4—接线端子；5—挠性连接导体；6—棒式绝缘子；7—支承座；
8—接地闸刀；9—支柱绝缘子；10—静触头；11—转动绝缘子；12—转轴；13—动触头

第三节　电力网接线及中性点接地方式

一、电力网几种典型接线方式的特点

电力网接线往往十分复杂。但仔细分析又可发现，电力网接线尽管十分复杂，却可将它们看作若干个简单系统的组合。分解所得的简单系统，大致可分为无备用接线和有备用接线两类。无备用接线包括单回路放射式、干线式和链式网络，如图 2-16 所示。有备用接线包括双回路放射式、干线式、链式以及环式和两端供电网络，如图 2-17 所示。

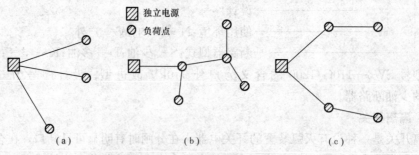

图 2-16　无备用接线
(a) 放射式；(b) 干线式；(c) 链式

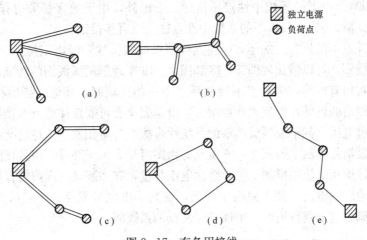

独立电源
负荷点

(a)　　　(b)

(c)　　　(d)　　　(e)

图 2-17　有备用接线

(a) 放射式；(b) 干线式；(c) 链式；(d) 环式；(e) 两端供电网络

无备用接线的主要优点是简单、经济、运行方便，主要缺点是供电可靠性差。因此，这种接线不适用于一级负荷占很大比重的场合。但在一级负荷比重不大，并可为这些负荷单独设置备用电源时，仍可采用这种接线。当无备用接线采用自动重合闸后，可以明显地提高供电可靠性，也可以用于二类负荷。这种接线之所以适用于二级负荷是由于架空电力线路已广泛采用自动重合闸装置，而自动重合闸的成功率相当高。

有备用接线中，双回路的放射式、干线式、链式的优点在于供电可靠性和电压质量高，缺点是可能不够经济。因双回路放射式接线对每一负荷都以两回路供电，每回路分担的负荷不大，而在较高电压级网络中，往往由于避免发生电晕等原因，不得不选用大于这些负荷所需的导线截面积，以致浪费有色金属。干线式或链式接线所需的断路器等电力设备较多。有备用接线中的环式接线有与上列接线方式相同的供电可靠性，但却较它们经济；缺点为运行调度较复杂，且故障时的电压质量差。有备用接线中的两端供电网络最常见，但采用这种接线的先决条件是必须有两个或两个以上独立电源，而且它们与各负荷点的相对位置又决定了采用这种接线的合理性。

接线方式需经仔细比较后方能确定。所选接线除保证供电可靠、有良好的电能质量和经济指标外，还应保证运行灵活和操作时的安全。

二、电力系统中性点的运行方式

电力系统中性点是指星形连接线的变压器或发电机的公共点。中性点接地与否，对系统的绝缘水平、保护整定、通信干扰、电压等级、系统接线等都有影响。

中性点的运行方式主要分两类，即直接接地和不接地。直接接地系统供电可靠性低。因这种系统中一相接地时，出现了除中性点外的另一个接地点，构成了短路回路，接地相电流很大，为了防止损坏设备，必须迅速切除接地相甚至三相。不接地系统供电可靠性高，但对绝缘水平的要求也高。因这种系统中一相接地时，不构成短路回路，接地相电流不大，不必切除接地相。但这时非接地相的对地电压却升高为相电压的 $\sqrt{3}$ 倍。在电压等级较高的系统中，绝缘费用在设备总价格中占相当大比重，降低绝缘水平带来的经济效益很显著，所以一般采用中性点直接接地方式，而以其它措施提高供电可靠性。反之，在电压等级较低的系统中，一般采用中性点不接地方式以提高供电可靠性。在我国，110kV 及以上的系统中性点直接接地，60kV 及以下的系统中性点不接地。在国外，由于通常都采用有备用接线方式，供电可靠性有保障，60kV 及以下的系统中性点往往也直接接地。

隶属于中性点不接地方式的还有中性点经消弧线圈接地和经电阻接地。所谓消弧线圈，其实就是电抗线圈，可以借比较图 2 - 18 和图 2 - 19 来理解消弧线圈的功能。由图 2 - 18 可见，由于导线对地有电容，中性点不接地系统中一相接地时，接地点接地相电流属容性电流。而且随着网络的延伸，电流也愈益增大，以至完全有可能使接地点电弧不能自行熄灭并引起弧光接地过电压，甚至发展成严重的系统性事故。为避免发生上述情况，可在网络中某些中性点处装设消弧线圈，如图 2 - 19 所示。由图可见，由于装设了消弧线圈，构成了另一回路，接地点接地相电流中增加了一个感性电流分量，它和装设线圈前的容性电流分量相抵消，减小了接地点的电流，使电弧易于熄灭，提高了供电可靠性。一般认为，对 3～60kV 网络，容性电流超过下列数值时，中性点应装设消弧线圈：

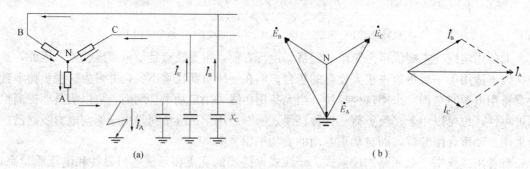

图 2 - 18　中性点不接地时的一相接地
(a) 电流分布；(b) 电动势、电流相量图

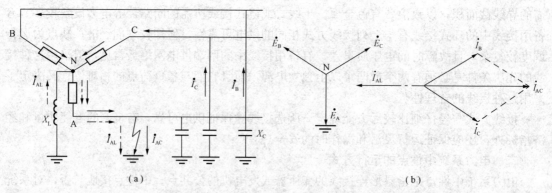

图 2 - 19　中性点经消弧线圈接地时的一相接地
(a) 电流分布；(b) 电动势、电流相量图

3～6kV　　　　　　　30A；

10kV 网络　　　　　　20A；

35～60kV 网络　　　　10A。

中性点经消弧线圈接地时，又有过补偿和欠补偿之分。所谓过补偿，指图 2 - 19 中感性电流 $\dot{I}_{AL}$ 大于容性电流 $\dot{I}_{AC}$ 时的补偿方式；所谓欠补偿，则指感性电流 $\dot{I}_{AL}$ 小于容性电流 $\dot{I}_{AC}$ 时的补偿方式。实践中，一般都采用过补偿。

中性点经电阻接地方式，即是中性点与大地之间接入一定电阻值的电阻。该电阻与系统对地电容构成并联回路，由于电阻是耗能元件，也是电容电荷释放元件和谐振的阻压元件，对防止谐振过电压和间歇性电弧接地过电压，有一定优越性。中性点经电阻接地一般分为高电阻接地、中电阻接地、小电阻接地 3 种，高电阻接地适用于对地电容电流小于 10A 的配电网或大型发电机，中小电阻接地没有明显界限，比较适合对地故障电流 10A$<I<$100A 的配电网和发电机。目前在电力工程设计中，中性点经电阻接地经常是通过接地变压器二次侧接小电阻的方法来实现。中性点经电阻接地方式已被写入规程，DL/T620—1997《交流电气装置的过电压保护和绝缘配合》第 3.1.4 条规定："6~35kV 主要由电缆构成的配电系统，单相接地故障电流较大时，可采用低电阻接地方式"。

中性点不接地系统、经消弧线圈接地系统和经电阻接地系统，由于在发生单相接地时流经接地点的电流较小，故也称为小电流接地系统。

此外，中性点经非线性电阻接地也是一个有前途的方案。非线性电阻可以有效地抑制弧光接地过电压、电压互感器谐振过电压及过电流、断线谐振过电压。

第四节 直 流 输 电

交流输电已有百余年历史，直流输电变得活跃起来的原因是由于电力电子技术的发展、输电技术的特殊要求以及交流电力系统的发展。首次商业应用是在 1954 年瑞典海底电缆向果特篮岛供电的直流输电工程。迄今世界上投运的高压直流输电工程达 50 余个。我国也建成多条超高压直流输电线。现代电力传输系统已由交流输电和直流输电相互配合构成。

所谓直流输电是将发电厂发出的三相交流电用整流器变换成直流电，经直流线路送至受端，再经逆变器变换成三相交流电后送往用户，见图 2 - 20。

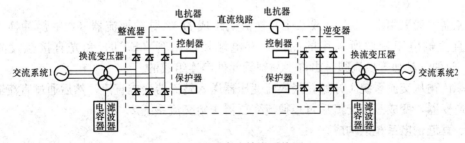

图 2 - 20 直流输电系统图

一、直流输电的优点

直流输电的主要优点是：

（1）导线电流密度相同的情况下，输送同样的功率三相交流输电需三根导线，而直流输电仅需两根导线（一根线故障时还可暂时用大地或海水作回路继续送电）。在导线截面、电流密度及绝缘水平相同的条件下，直流线路和交流线路传送的有功功率基本相同，而直线输电线路功率损耗减少大约 $\frac{1}{3}$。因而直流输电节省有色金属、钢材及绝缘子等。

（2）交流输电的主要问题之一是稳定性问题，直流输电不存在稳定性问题，与交流输电线路并列运行时还能提高交流系统的稳定性。

（3）直流输电传输的功率容易调节，而且调节速度快。

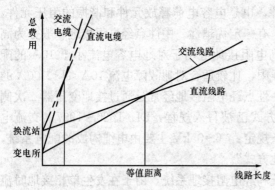

图 2-21　交、直流输电距离与费用的关系曲线图

直流输电的主要缺点是换流站的投资大，当输电距离足够长，直流线路的节约抵消了换流站的价格，换流站增加的这部分投资可因线路投资小而得到补偿时，直流输电的增量价格才低于交流输电。把建设输送同样功率的直流输电设施和交流输电设施花费的投资与距离的关系汇成曲线如图 2-21 所示。其交点的横坐标就是等值距离。显然，大于等值距离时采用直流输电比采用交流输电经济。

鉴于高压直流输电的优点，它主要用于：

（1）远距离大功率输电；

（2）向海岛送电；

（3）通过地下电缆线路向大城市供电；

（4）不同额定频率系统间或非同步运行的系统间联络。

二、直流输电的基本原理

最简单的直流输电系统如图 2-20 所示。它由直流输电线路、平波电抗器、两端的换流站组成。换流站包括换流变压器、换流器、平波电抗器、交流滤波器和电容器、控制器、保护器以及远动通信系统等。换流器的功能是把三相交流电变换成直流电或把直流电变换成三相交流电。送端进行整流的场所称为整流站，受端进行逆变的场所称为逆变站，整流站和逆变站可统称为换流站。实现整流和逆变变换的装置分别称为整流器和逆变器，它们统称为换流器。

换流器一般采用由 12 个（或 6 个）换流阀组成的 12 脉冲换流器（或 6 脉冲换流器）。目前在直流输电工程中所采用的晶闸管有电触发晶闸管（ETT）和光直接触发晶闸管（LTT）两种。晶闸管换流阀是由许多晶闸管元件串连组成的。

功率传输从交流系统 1 开始，经换流变压器送入整流器变成直流，然后通过直流输电线路送至逆变器，变成三相交流后再经换流变压器送给交流系统 2。

三、直流输电系统的构成

直流输电系统可分为两端直流输电系统和多端直流输电系统两大类。两端直流输电系统只有一个整流站和一个逆变站，与交流系统只有两个连接端口，是结构最简单的直流输电系统。多端直流输电系统具有三个或三个以上的换流站，与交流系统有三个或三个以上的连接端口。由于多端直流输电系统的控制保护系统及运行操作比较复杂，目前世界上运行的直流输电工程大多为两端直流输电系统，多端直流输电系统很少应用，本文不作介绍。

两端直流输电系统通常由整流站、逆变站和直流输电线路三部分组成。两端的交流系统给换流器提供换相电压和电流，同时也是直流输电系统的电源和负荷。交流系统的强弱、系统结构和运行性能对直流输电系统的设计和运行均有较大的影响。另一方面，直流输电系统运行性能的好坏，也直接影响两端交流系统的运行性能。

两端直流输电系统可分双极系统（正、负两极）和背靠背直流系统（无直流输电线路）两种类型。

（1）双极系统是由两个可独立运行的单极大地回线组成，地中电流为两极电流之差值，正常双极对称运行时，地中仅有很小的两极不平衡电流（小于额定电流的1%）流过；当一极故障停运时，双极系统则自动转为单极大地回线方式运行，可至少输送双极功率的一半，从而提高了输电的可靠性。双极系统还有双极一端换流站接地方式和双极金属中线方式，这两种方式工程上很少采用。

（2）背靠背直流系统如图2-22所示。该系统是无直流线路的两端直流输电系统，主要用于两个非同步运行（不同频率或频率相同但非同步）的交流系统之间的联网或送电。背靠背直流系统的整流和逆变设备通常装设在一个换流站内，也称为背靠背换流站。其主要特点是直流侧电压低、电流大，可充分利用大截面晶闸管的通流能力，省去直流滤波器。背靠背换流站的造价比常规换流站的造价降低约15%~20%。

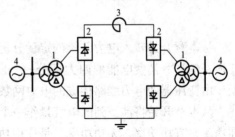

图2-22　背靠背直流系统原理接线
1—换流变压器；2—换流器；3—平波电抗器；
4—两端的交流系统

练 习 题

2-1　电气主接线应满足哪些基本要求？

2-2　主接线按连接方式分为几类？各包含的主要接线方式有哪些？

2-3　试比较有汇流母线接线和无汇流母线接线的优缺点和适用范围。

2-4　主母线和旁路母线的作用是什么？检修出线断路器的操作步骤怎样？举例说明。

2-5　什么是单元接线？单元接线中发电机出口是否要安装断路器，应如何考虑？

2-6　内桥接线和外桥接线各有何特点？

2-7　隔离开关的作用是什么？它与断路器配合动作应遵守什么原则？为什么？

2-8　电气设备选择的一般原则是什么？

2-9　电力网接线有何特点？比较有备用和无备用接线方式的主要区别？

2-10　电力系统中性点接地方式与电压等级有何关系？

2-11　我国电力系统中性点运行方式主要有哪些？各有什么特点？

2-12　什么是"消弧线圈"？作用原理是什么？

2-13　中性点经消弧线圈接地时，何为过补偿和欠补偿？实践中为何采用过补偿？

2-14　直流输电与交流输电比较有什么特点？

2-15　试述直流输电的基本原理。

2-16　背靠背直流系统与两端直流输电系统有何不同？

第三章 电力系统元件参数及等值电路

从本章开始转入电力系统的定量分析和计算。这一章阐述两个问题:电力系统中生产、变换、输送、消费电能的四大部分——发电机、变压器、电力线路、负荷的特性和数学模型;由变压器和电力线路构成的电力网数学模型。

从本章开始将涉及到的电气量作一个规定:如果不作声明,本书中的功率(复功率、视在功率、有功功率、无功功率)是三相功率,电压是线电压,电流是线电流,阻抗是单相阻抗,导纳是单相导纳。

复功率的符号说明:$\dot{S} = \sqrt{3}\dot{U}\overset{*}{I} = P + jQ$,取

$$\dot{S} = \sqrt{3}\dot{U}\overset{*}{I} = \sqrt{3}UI \underline{/\varphi_u - \varphi_i} = \sqrt{3}UI \underline{/\varphi}$$

$$\dot{S} = S(\cos\varphi + j\sin\varphi) = \sqrt{3}UI\cos\varphi + j\sqrt{3}UI\sin\varphi = P + jQ$$

式中 $\dot{S}$ ——复功率;

$\dot{U}$ ——线电压相量,$\dot{U} = U \underline{/\varphi_u}$;

$\overset{*}{I}$ ——线电流相量的共轭值,$\overset{*}{I} = I \underline{/-\varphi_i}$;

φ ——功率因数角,$\varphi = \varphi_u - \varphi_i$;

S ——视在功率,kVA 或 MVA;

P ——有功功率,kW 或 MW;

Q ——无功功率,kvar 或 Mvar。

由上式可见,采用这种表示方式时,负荷以滞后功率因数运行时所吸收的无功功率为正,以超前功率因数运行时所吸收的无功功率为负;发电机以滞后功率因数运行时所发出的无功功率为正,以超前功率因数运行时所发出的无功功率为负。

电力系统的基本计算中,负荷是一个重要变量,用恰当的形式表示它,将给计算带来很大方便。在电路理论中,用电流表示负荷进行理论分析简单明了,可以直接运用电路理论中的公式做基本计算。但是,在工程上,电流的相位角很难获得,所以负荷的数据一般以功率形式给出。所有上述公式在本书里多次使用。

第一节 输电线路的电气参数及等值电路

在进行电力网计算和分析时,总是将给出的电力网用它的电气参数及等值电路来表示。构成电力网的主要元件有输电线路和变压器。表示输电线路和变压器特性的电气参数有:输电线路的阻抗和导纳,变压器的阻抗和导纳。

一、输电线路的电气参数

输电线路按结构可分为架空线路和电缆线路两大类。架空线路由导线、避雷线(架空地线)、绝缘子、金具和杆塔等部件构成,如图 3-1 所示。电缆主要由导体、绝缘层和保护包皮三部分组成,如图 3-2 所示。电缆线路一般直接埋设在地下,也可敷设在沟道中,

如图 3-3 所示。由于架空线路的建设费用比电缆线路要低得多，且施工、维护及检修方便，因此电力网中的绝大多数线路都采用架空线路。当受环境限制不能采用架空线路的地方（如大城市的人口稠密区、过江、跨海、严重污秽区等），才采用电缆线路。目前随着城市负荷密度的增大，对供电可靠性要求的增加，电缆线路在城市电网中的使用越来越多了。

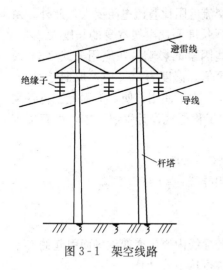

图 3-1　架空线路

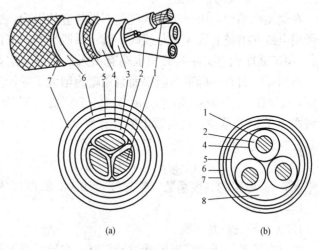

图 3-2　电缆结构图

（a）三相统包型；（b）分相铅包型

1—导体；2—相绝缘；3—纸绝缘；4—铅包皮；

5—麻衬；6—钢带铠甲；7—麻被；8—填充物

输电线路的电气参数有电阻、电抗、电导、电纳，其中电阻反映线路通过电流时产生有功功率损失，电抗反映载流导体周围的磁场效应，电导反映线路带电时绝缘介质中产生泄漏电流及导线附近空气游离而产生的有功功率损失，电纳则反映带电导线周围的电场效应。

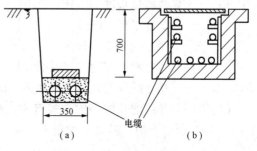

图 3-3　电缆线路敷设方式

（a）地中直埋电缆；（b）敷设于沟道内的电缆

在下面讨论输电线路的电气参数时，都假设三相电气参数是相同的。只有架空线路的空间布置选用使三相参数平衡的方法，三相参数才相同。使三相参数平衡的方法有两种：①三相导线布置在等边三角形的顶点上时，三相的参数是相同的；②当三相导线不是布置在等边三角形的顶点上时，采用架空线换位的方法以减小三相参数不平衡。换位方法如图 3-4 所示。这里表示一个整循环换位的情况。它由三个线段组成，每相导线都经过空间的三个不同位置。

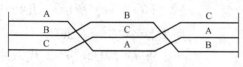

图 3-4　一次整循环换位

（一）电阻

导线的直流电阻可按下式计算

$$R = \rho \frac{l}{S} \quad (\Omega) \tag{3-1}$$

式中　R——导线直流电阻，Ω；

　　　ρ——导线材料的电阻率，ρ 与温度有关，$\Omega \cdot m^2/km$。

　　　l——导线的长度，km；

　　　S——导线的截面积，m^2。

　　在交流电路中，由于集肤效应和邻近效应的影响，交流电阻比直流电阻要大；此外，由于所用电线和电缆芯线大多是绞线，其中每股导线的实际长度要比电线本身的长度大 2‰～3‰，额定截面积与实际截面积也略有出入。考虑到这些因素的影响，在应用公式（3-1）时，不用导线材料的标准电阻率而是用略为增大了的计算值，温度为 20℃时，取铜导线 $\rho=1.88 \times 10^{-8} \Omega \cdot m^2/km$，铝导线 $\rho=3.15 \times 10^{-8} \Omega \cdot m^2/km$。为了使用方便，工程上已将各类导线在 20℃时的单位长度有效电阻计算值 r_{20} 列在《电力工程电气设计手册》中，可直接查阅，任意温度 t 时的电阻值 r_t 可按下式计算

$$r_t = r_{20}[1 + \alpha(t-20)] \quad (\Omega/km) \tag{3-2}$$

式中　α——电阻的温度系数，铜导线 $\alpha=0.00382/℃$，铝导线 $\alpha=0.0036/℃$。

（二）电抗

1. 三相导线线路电抗

　　线路电抗是由于交流电流通过导线时，在导线周围及导线内产生交变磁场而引起的。如果线路的三相电抗相同，则每相导线单位长度的等值电抗可按下式计算

$$x_1 = 2\pi f\left(4.6 \lg \frac{D_m}{r} + 0.5\mu\right) \times 10^{-4} \tag{3-3}$$

式中　x_1——导线单位长度的电抗，Ω/km；

　　　r——导线外半径，mm；

　　　f——交流电的频率，Hz；

　　　μ——导线材料的相对导磁系数，铜和铝的 $\mu=1$，钢的 $\mu \gg 1$；

　　　D_m——三相导线间的几何平均距离，简称几何均距，mm。

　　几何均距与导线的具体布置方式有关，当三相导线间的距离分别为 D_{ab}，D_{bc}，D_{ca} [如图 3-5（a）所示] 时，其几何均距 D_m 为

$$D_m = \sqrt[3]{D_{ab}D_{bc}D_{ca}} \tag{3-4}$$

　　若三相导线在杆塔上布置成等边三角形，$D_m = D$，D 为等边三角形的边长，如图 3-5（b）所示。若布置成水平形 [如图 3-5（c）所示]，几何均距 $D_m = \sqrt[3]{2D^3} = 1.26D$。

　　将 $f=50Hz$，$\mu=1$ 代入式

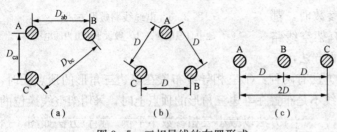

图 3-5　三相导线的布置形式
(a) 任意布置；(b) 正三角布置；(c) 水平布置

（3-3），可得每相导线单位长度电抗的计算公式为

$$x_1 = 0.1445 \lg \frac{D_m}{r} + 0.0157 \tag{3-5}$$

不同型号导线在不同几何均距下单位长度的电抗均可在手册中查到。近似计算时，可认为架空线路导线（非分裂导线）的电抗等于 $0.4\Omega/\text{km}$。

2. 分裂导线线路电抗

对于高压及超高压远距离输电线路，为减小线路的电晕损耗及线路电抗，以增加输电线路的输送能力，往往采用分裂导线。其每一相由 $2\sim6$ 根导线组成，每根间距 $400\sim500\text{mm}$，将它们均匀布置在一个半径为 R 的圆周上。因 R 比一根导线的外径大得多，可以有效地减小线路电抗和电晕损耗，但与此同时，线路电容也将增大。

每相具有数根分裂导线的线路电抗，仍可按式（3-5）来计算，只须将该式右边第二项除以 n，第一项中的导线外半径 r 用分裂导线的等值半径 r_{eq} 代替。r_{eq} 可由下式算出

$$r_{eq} = \sqrt[n]{rd_m^{n-1}} \tag{3-6}$$

式中 r——每根导线的实际半径，mm；

d_m——每一根分裂导线中各导体间的几何距离，mm。

因此，具有分裂导线的线路每相电抗为

$$x_1 = 0.1445\lg\frac{D_m}{r_{eq}} + \frac{0.0157}{n} \tag{3-7}$$

式中 n——每一相分裂导线的根数。

分裂导线的线路电抗较采用单根导线的线路电抗减小约 20% 以上，视每相的分裂数及结构而定，它的近似值可参考表 3-1。

对于同杆架设的双回线路，每一相线路电抗不仅取决于该线路本身电流所产生的磁通，而且和另一回线路电流产生的磁通相关，但在实际应用中，仍可按式（3-5）计算。因为两回线路之间的互感影响在导线流过对称三相电流时并不大，可略去不计。

表 3-1　　　　　　　　　　分 裂 导 线 线 路 电 抗

额定电压（kV）	导线分裂根数 n	电抗近似值（Ω/km）
220~330	2	0.3~0.37
500	3	0.3
	4	0.29
750	4	0.29
	6	0.28

【例3-1】 某三相单回输电线路，采用 LGJ-300 型导线，已知导线的相间距离为 $D=6\text{m}$，求：

（1）三相导线水平布置，且完全换位时，每千米线路的电抗值。

（2）三相导线按等边三角形布置时，每千米线路的电抗。

解　由手册中查到 LGJ-300 型导线的计算外径为 25.2mm，因而相应的计算半径为

$$r = \frac{25.2}{2} = 12.6(\text{mm}) = 12.6 \times 10^{-3}\text{m}$$

（1）当三相导线水平布置时，有

$$D_m = 1.26D = 1.26 \times 6 = 7.56(\text{m})$$

代入式（3-5）得

$$x_1 = 0.1445\lg\frac{D_m}{r} + 0.0157 = 0.1445\lg\frac{7.56}{12.6\times10^{-3}} + 0.0157$$

$$= 0.4014 + 0.0157 = 0.41 \ (\Omega/km)$$

（2）当三相导线按等边三角形布置时，有

$$D_m = D = 6 \text{ m}$$

代入式（3-5）得

$$x_1 = 0.1445\lg\frac{D_m}{r} + 0.0157 = 0.1445\lg\frac{6}{12.6\times10^{-3}} + 0.0157$$

$$= 0.387 + 0.0157 = 0.4037 \ (\Omega/km)$$

【例 3-2】 某回 220kV 双分裂架空输电线路，已知每根导线的计算半径为 13.84mm，各导体间相距 $d_m=400$mm，相间距离 $D=5$m，三相导线水平排列，并经完全换位。求该线路每公里的电抗值。

解 当导线水平排列时，$D_m = 1.26D = 6.3$m，由式（3-6）可计算出双分裂导线的等值半径

$$r_{eq} = \sqrt[n]{rd_m^{n-1}} = \sqrt{13.84\times10^{-3}\times0.4^{2-1}} = 0.0744(\text{m})$$

将以上各值代入式（3-7），得每千米线路的电抗值为

$$x_1 = 0.1445\lg\frac{D_m}{r_{eq}} + \frac{0.0157}{n}$$

$$= 0.1445\lg\frac{6.3}{0.0744} + \frac{0.0157}{2} = 0.2785 + 0.00785$$

$$= 0.286 \ (\Omega/km)$$

（三）电纳

电力线路运行时，各相间及相对地间都存在着电位差，因而导线间以及导线与大地间必有电容存在，也即存在着容性电纳。电纳（容纳）的大小与相间的距离、导线截面、杆塔结构等因素有关。如果三相线路参数相同时，每相导线的等值电容可由下式计算

$$c_1 = \frac{0.0241}{\lg\dfrac{D_m}{r}}\times10^{-6} \qquad (\text{F/km}) \qquad (3-8)$$

当频率 f 为 50Hz 时，单位长度的电纳为

$$b_1 = \omega c_1 = 2\pi fc_1 = \frac{7.58}{\lg\dfrac{D_m}{r}}\times10^{-6} \qquad (\text{S/km}) \qquad (3-9)$$

架空线路的电纳一般在 2.85×10^{-6} S/km 左右。对于采用分裂导线的线路，仍可按式（3-9）计算其电纳，只是这时导线的半径 r 应由式（3-6）确定的等值半径 r_{eq} 代替。可见，分裂导线的电纳要增大。双分裂导线线路电纳要比同样截面积的单导线电纳增大 20% 左右。

对于同杆并架双回线路，仍可按式（3-9）计算其电纳。

【例 3-3】 一回 220kV 输电线路，导线在杆塔上为三角形布置（如图 3-6 所示），使用 LGJQ-400 型导线。求该线路单位长度的电阻、电抗和电纳。

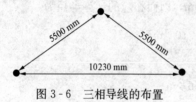

图 3-6　三相导线的布置

解　由手册查出 LGJQ-400 型导线的直径为 27.4mm，则半径 $r=13.7$mm。铝导体电阻率 $\rho=3.15\times10^{-8}\Omega\cdot$m^2/km，则每千米线路的电阻 r_1 为

$$r_1 = \rho\frac{l}{S} = \frac{31.5}{400} = 0.07875 \ (\Omega/\text{km})$$

每千米线路的电抗 $x_1 = 0.1445\lg\dfrac{D_m}{r} + 0.0157$，其中几何均距 $D_m = \sqrt[3]{D_{ab}D_{bc}D_{ca}} = \sqrt[3]{5500^2\times10230} = 6764$(mm)，于是

$$x_1 = 0.1445\lg\frac{6764}{13.7} + 0.0157 = 0.405 \ (\Omega/\text{km})$$

每千米线路的电纳 b_1 为

$$b_1 = \frac{7.58}{\lg\dfrac{D_m}{r}}\times10^{-6} = \frac{7.58}{\lg\dfrac{6764}{13.7}}\times10^{-6} = 2.81\times10^{-6}(\text{S/km})$$

（四）电导

在高电压线路上，由于强电场作用，导线周围可能产生空气的电离现象，称之为电晕。电晕产生的有功功率损耗称为电晕损耗。电晕产生的条件与导线上施加的电压大小、导线半径、导线结构及导线周围的空气情况有关。电晕损耗是当线路电压达到某一值时产生的，这一电压值称为电晕临界电压 U_{cr}。当线路正常工作电压高于 U_{cr} 时，电晕损耗将大大增加而不可忽略。为避免过大的电晕损耗，架空线路导线的直径应选择得使其在天气晴朗时不发生电晕，在雨雪天气时允许略有电晕。由于一年中雨雪天气时间不长，全年电晕损耗不会显著增加线路的运行费用。不需计算电晕的导线最小直径见表 3-2。

除电晕损耗、电阻引起有功功率损耗外，还有由于沿线路绝缘子表面的泄漏电流产生的有功功率损耗。通常泄漏损耗很小，可以略去不计。当线路电压在 330kV 及以上时，为防止产生电晕，单导线的直径需选得很大，这使导线的制造、安装都很不方便，因此通常采用分裂导线。

电导代表导线的泄漏损耗及电晕损耗的电气现象。由于泄漏损耗可以忽略，在设计时已避免了在正常天气下产生电晕，故一般计算时认为线路的电导为零。

表 3-2　　　　　**不需计算电晕的导线最小直径**（海拔不超过 1000m）

线路额定电压（kV）	60 以下	110	154	220	330
导线外径（mm）	—	9.6	13.68	21.28	33.2

当线路实际电压高于电晕临界电压时，可通过实测的方法求取电导，与电晕相对应的电导为

$$g_1 = \frac{\Delta P_g}{U^2}\times10^{-3} \qquad\qquad (3-10)$$

式中　g_1——导线单位长度的电导，S/km；

ΔP_g——实测三相电晕损耗的总功率，kW/km；

U——线路电压，kV。

电缆线路的电气参数计算比架空线路要复杂得多，这是由于三相导体相互距离很近，导线截面形状不同，绝缘介质复杂，以及铅包（铝包）、钢铠影响等。通常采取实测办法，并

将其电气参数标明在使用手册中。

二、输电线路的等值电路

在电力系统分析中，电力线路的等值电路就以电阻、电抗、电导、电纳四个参数来表示。由于正常运行的电力系统总是三相对称，三相参数完全相同，用线路的单相等值电路代替三相等值电路。

实际中，输电线路的等值电路是参数均匀分布的电路，分布参数电路的计算是较复杂的，一般将分布参数等值电路转化成集中参数等值电路以简化计算。这时以 R、X、G、B 分别表示全线路每相的总电阻、总电抗、总电导和总电纳。当线路长度为 l 时，有

$$R = r_1 l(\Omega), X = x_1 l(\Omega), G = g_1 l(S), B = b_1 l(S)$$

有时也写成用复数形式的阻抗和导纳表示输电线路的参数。

阻抗为：$Z = R + jX\ (\Omega)$，导纳为：$Y = G + jB\ (S)$。

工程上，根据输电线路长度，分别采用以下三种类型的等值电路。

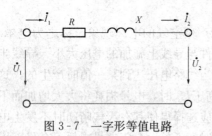

图 3 - 7　一字形等值电路

（一）一字形等值电路

对于线路长度不超过 100km 的架空线路，线路电压不高时，线路电纳的影响不大，可令 $b_1 = 0$。因天气晴朗时不发生电晕，绝缘子泄漏又很小，可令 $g_1 = 0$。这样就只剩下 r_1、x_1 两个参数。于是得到图 3 - 7 所示的一字形等值电路图。

对于电缆线路，当线路不长，电纳影响不大时也可采用这种等值电路。

（二）Π 形等值电路和 T 形等值电路

对于线路长度为 100~300km 的中等长度架空线路，或长度不超过 100km 的电缆线路，电容的影响已不可忽略，需采用 Π 形等值电路或 T 形等值电路，如图 3 - 8 所示。图中 Y 为全线路总导纳，$Y = G + jB$。当 $G = 0$ 时，$Y = jB$。

Π 形等值电路是把线路导纳平分为两半，分别并联在线路的始末两端。而 T 形等值电路是将线路阻抗 Z 平分为两半，分别串接在线路导纳两侧。工程上一般用 Π 形等值电路。

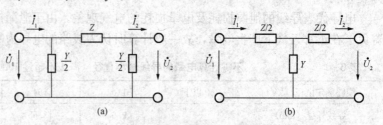

图 3 - 8　中等长度线路的等值电路
(a) Π 形等值电路；(b) T 形等值电路

（三）分布参数电路

长线路是指超过 300km 的架空线路和超过 100km 的电缆线路。对这种线路，必须考虑它们的分布参数特性。

在工程上，如只要求计算线路始末端的电压、电流和功率，仍可运用类似图 3 - 8 (a) 所示的 Π 形等值电路。这种等值电路见图 3 - 9。图中分别以 R'、X'、B' 表示它们的集中参数电阻、电抗和容纳。R'、X'、B' 可由线路的总电阻 R、总电抗 X 和总容纳 B 分别乘以适当的修正系数获得，即

$$R' = K_r R, X' = K_x X, B' = K_b B$$

参数修正系数的近似值为

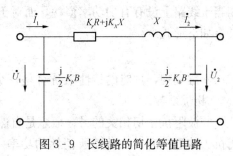

图 3-9　长线路的简化等值电路

$$\left. \begin{aligned} K_r &= 1 - \frac{l^2}{3} x_1 b_1 \\ K_x &= 1 - \frac{l^2}{6}\left(x_1 b_1 - r_1^2 \frac{b_1}{x_1}\right) \\ K_b &= 1 + \frac{l^2}{12} x_1 b_1 \end{aligned} \right\} \qquad (3\text{-}11)$$

式中　r_1、x_1、b_1——分别为线路每千米的电阻、电抗和电纳；

　　　　l——输电线全长，km。

实践表明，长度超过 300km、小于 750km 的架空线路及长度超过 100km、小于 250km 的电缆线路，应用修正后的等值电路进行计算，可以得到满足工程需要的结果。对于 750km 以上的架空线路和 250km 以上的电缆线路，需采用修正系数精确值或按均匀分布参数线路方程计算。

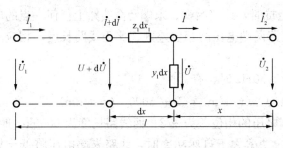

图 3-10　长线路——均匀分布参数电路

实际上，长线路的等值电路应表示成如图 3-10 所示的均匀分布参数电路。图中 z_1、y_1 分别表示单位长度线路的阻抗和导纳，即 $z_1 = r_1 + jx_1$，$y_1 = g_1 + jb_1$；$\dot{U}$、$\dot{I}$ 分别表示距线路末端长度为 x 处的电压、电流；$\dot{U} + \mathrm{d}\dot{U}$、$\dot{I} + \mathrm{d}\dot{I}$ 分别表示距线路末端长度为 $x + \mathrm{d}x$ 处的电压、电流。

由图 3-10 可见，长度为 $\mathrm{d}x$ 的线路，串联阻抗中的电压降落为 $\dot{I} z_1 \mathrm{d}x$，并联导纳中的分支电流为 $\dot{U} y_1 \mathrm{d}x$，从而可列出

$$\mathrm{d}\dot{U} = \dot{I} z_1 \mathrm{d}x \quad \text{或} \quad \frac{\mathrm{d}\dot{U}}{\mathrm{d}x} = \dot{I} z_1 \qquad (3\text{-}12)$$

$$\mathrm{d}\dot{I} = \dot{U} y_1 \mathrm{d}x \quad \text{或} \quad \frac{\mathrm{d}\dot{I}}{\mathrm{d}x} = \dot{U} y_1 \qquad (3\text{-}13)$$

取式（3-12）、式（3-13）对 x 再次微分，可得

$$\frac{d^2 \dot{U}}{\mathrm{d}x^2} = z_1 y_1 \dot{U} \qquad (3\text{-}14)$$

$$\frac{d^2 \dot{I}}{\mathrm{d}x^2} = z_1 y_1 \dot{I} \qquad (3\text{-}15)$$

式（3-14）的解可得为

$$\dot{U} = C_1 e^{\sqrt{z_1 y_1} x} + C_2 e^{-\sqrt{z_1 y_1} x}$$

将其微分后代入式（3-12），又可得

$$\dot{I} = \frac{C_1}{\sqrt{z_1/y_1}} e^{\sqrt{z_1 y_1} x} - \frac{C_2}{\sqrt{z_1/y_1}} e^{-\sqrt{z_1 y_1} x}$$

上两式中，称 $\sqrt{z_1/y_1} = Z_c$ 为线路特性阻抗，而 $\sqrt{z_1 y_1} = \gamma$ 则是相应的线路传播系数。这两个概念常被用以估计超高压线路的运行特性。由于超高压线路的电阻往往远远小于电抗，电导则可略去不计，因此在作粗略估计时，可设 $r_1 = 0$、$g_1 = 0$。显然，采用这些假设就

相当于线路上没有有功功率损耗，而对于这种"无损耗"线路，特性阻抗和传播系数将分别具有如下形式

$$Z_c = \sqrt{L_1/C_1}, \gamma = j\omega\sqrt{L_1C_1}$$

不难发现，这时的特性阻抗将是一个纯电阻，常称波阻抗；这时的传播系数仅有虚部 β，称相位系数。

与波阻抗密切相关的另一概念是自然功率，也称波阻抗负荷。所谓自然功率，是指负荷阻抗为波阻抗时，该负荷所消耗的功率。如负荷端电压为线路额定电压，则相应的自然功率为

$$S_n = P_n = U_N^2/Z_c \tag{3-16}$$

由于这时的 Z_c 为纯电阻，相应的自然功率显然为纯有功功率。

电力线路上的波阻抗变动幅度不大，单导线架空线路约为 $385\sim415\Omega$，两分裂导线约为 $285\sim305\Omega$，三分裂导线约为 $275\sim285\Omega$，四分裂导线约为 $255\sim265\Omega$；电缆线路则小得多，仅为 $30\sim50\Omega$。于是，如果 220kV 线路采用单导线，波阻抗为 400Ω，则自然功率约为 120MW；如果 500kV 线路采用四分裂导线，波阻抗为 260Ω，则自然功率约为 1000MW。

无损耗线路末端连接的负荷阻抗为波阻抗时，线路始端、末端乃至线路上任何一点的电压大小都相等，而功率因数则等于 1。而线路两端电压的相位差则正比于线路长度，相应的比例系数就是相位系数。

由于 $\beta = \omega/(3\times10^8)$，而 $\omega = 2\pi f$，当 $f = 50\text{Hz}$ 时，有

$$\beta = \omega/(3\times10^8) = 2\pi/(6\times10^6) \text{ (rad/m)} = 2\pi/6000 \text{ (rad/km)}$$

于是，线路长度为 1500km 时，始末端电压的相位差为 $\pi/2$；而线路长度为 6000km 时，始末端电压再度重合。可以得到，线路输送功率大于自然功率时，线路末端电压将低于始端；反之，小于自然功率时，末端电压将高于始端。

第二节　变压器参数及等值电路

电力系统中使用的变压器大多数是做成三相的，容量特大的也有做成单相的，但使用时总是接成三相变压器组。以下讨论的均指三相变压器。电力变压器按每相绕组的结构分类可分为双绕组变压器、三绕组变压器和自耦变压器等。以下分别进行介绍。

一、双绕组变压器

在工程计算中，双绕组变压器常用 Γ 形等值电路来表示，如图 3-11（a）所示。其中反映励磁支路的导纳一般接在变压器的电源侧，但有时为了计算时与线路的电纳合并，励磁支路放在线路一侧。图中所示变压器的四个参数可由变压器的空载和短路试验结果（可由变压器铭牌或有关变压器手册中查到）求出。

由变压器的短路试验可得变压器的短路损耗 ΔP_k 和变压器的短路电压百分数 $U_k\%$，用来计算变压器电阻 R_T、电抗 X_T；由变压器的空载试验可得变压器的空载损耗 ΔP_0 和空载电流百分数 $I_0\%$，用来计算变压器的电导 G_T 和电纳 B_T。

（一）电阻 R_T

变压器的电阻计算公式为

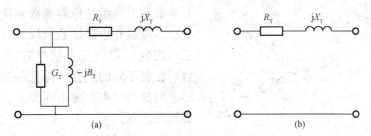

图 3 - 11 双绕组变压器等值电路

(a) Γ形等值电路；(b) 简化等值电路

$$R_{\mathrm{T}} = \frac{\Delta P_{\mathrm{k}} U_{\mathrm{N}}^2}{1000 S_{\mathrm{N}}^2} \quad (\Omega) \tag{3-17}$$

式中　R_{T}——变压器高低压绕组的总电阻，Ω；

　　ΔP_{k}——变压器的额定短路损耗，kW；

　　S_{N}——变压器的额定容量，MVA；

　　U_{N}——变压器的额定电压，kV。

（二）电抗 X_{T}

变压器的电抗计算公式为

$$X_{\mathrm{T}} = \frac{U_{\mathrm{p}}\%U_{\mathrm{N}}^2}{100 S_{\mathrm{N}}} \approx \frac{U_{\mathrm{k}}\%U_{\mathrm{N}}^2}{100 S_{\mathrm{N}}} \quad (\Omega) \tag{3-18}$$

式中　X_{T}——变压器高低压绕组的总电抗，Ω；

　　$U_{\mathrm{k}}\%$——变压器短路电压的百分数；

　　$U_{\mathrm{p}}\%$——$U_{\mathrm{k}}\%$中的电抗压降百分数，大型变压器 $U_{\mathrm{p}}\% \approx U_{\mathrm{k}}\%$；

　　S_{N}——变压器的额定容量，MVA；

　　U_{N}——变压器的额定电压，按 X_{T} 归算到变压器某一侧，kV。

（三）电导 G_{T}

变压器的电导计算公式为

$$G_{\mathrm{T}} = \frac{\Delta P_0}{1000 U_{\mathrm{N}}^2} \tag{3-19}$$

式中　G_{T}——变压器的电导，S；

　　ΔP_0——变压器额定空载损耗，kW；

　　U_{N}——变压器的额定电压，kV。

（四）励磁电纳 B_{T}

变压器的电纳计算公式为

$$B_{\mathrm{T}} = \frac{I_0\% S_{\mathrm{N}}}{100 U_{\mathrm{N}}^2} \tag{3-20}$$

式中　B_{T}——变压器的电纳，S；

　　$I_0\%$——变压器额定空载电流的百分值；

　　S_{N}——变压器的额定容量，MVA；

　　U_{N}——变压器的额定电压，kV。

二、三绕组变压器

电力系统广泛采用三绕组变压器，其等值电路如图 3 - 12 所示，称之为 Γ形等值电路。

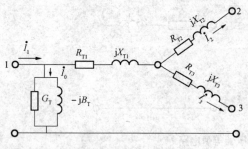

图 3 - 12　三绕组变压器等值电路

其参数和双绕组变压器参数求法相同，也是用变压器空载和短路试验结果来计算。只是由于三绕组变压器的三个绕组容量（绕组额定容量）比有不同的组合，并且各绕组在变压器铁芯上的排列也有几种不同方式，因此参数计算要稍复杂些。

（一）电阻

三绕组变压器其绕组容量比有三种类型：第 I 类为 100/100/100，即三个绕组的容量都等于变压器额定容量；第 II 类为 100/100/50，即第三绕组容量仅为变压器额定容量的 50%；第 III 类为 100/50/100，即第二绕组容量为变压器额定容量的 50%。

对于第 I 类变压器，通过短路试验可得到任两个绕组的短路损耗 ΔP_{k12}、ΔP_{k23} 和 ΔP_{k31}，由此算出每个绕组的短路损耗 ΔP_{k1}、ΔP_{k2}、ΔP_{k3} 为

$$\left.\begin{aligned}
\Delta P_{k1} &= \frac{1}{2}(\Delta P_{k12} + \Delta P_{k31} - \Delta P_{k23}) \\
\Delta P_{k2} &= \frac{1}{2}(\Delta P_{k12} + \Delta P_{k23} - \Delta P_{k31}) \\
\Delta P_{k3} &= \frac{1}{2}(\Delta P_{k23} + \Delta P_{k31} - \Delta P_{k12})
\end{aligned}\right\} \tag{3-21}$$

求出各绕组的短路损耗后，用和双绕组变压器相似的公式计算出各绕组的电阻为

$$\left.\begin{aligned}
R_{T1} &= \frac{\Delta P_{k1} U_N^2}{1000 S_N^2} \\
R_{T2} &= \frac{\Delta P_{k2} U_N^2}{1000 S_N^2} \\
R_{T3} &= \frac{\Delta P_{k3} U_N^2}{1000 S_N^2}
\end{aligned}\right\} \tag{3-22}$$

对于其余三个绕组容量比不等的变压器，短路试验给出的功率损耗值是一对绕组中容量较小的一方达到它本身的额定容量时的值。这时，应首先将各绕组间的短路损耗归算为额定电流下的值，再运用上列公式求取各绕组的短路损耗和电阻。例如对 100/50/100 类型的变压器，短路损耗 $\Delta P'_{k12}$ 和 $\Delta P'_{k23}$ 是在第二个绕组中流过额定电流（即为变压器额定容量电流的一半）时所测得的数据。因此，首先把它们归算到对应于变压器额定容量电流的值，计算式为

$$\left.\begin{aligned}
\Delta P_{k12} &= \Delta P'_{k12} \left(\frac{I_N}{0.5 I_N}\right)^2 = 4\Delta P'_{k12} \\
\Delta P_{k23} &= \Delta P'_{k23} \left(\frac{I_N}{0.5 I_N}\right)^2 = 4\Delta P'_{k23}
\end{aligned}\right\} \tag{3-23}$$

然后按式（3-21）、式（3-22）进行计算。

（二）电抗

三绕组变压器按其三个绕组排列方式的不同有两种结构：升压结构和降压结构，如图 3-13 所示。绕组排列方式不同，绕组间的漏抗不同，因而短路电压也不同。显然，降压结构的变压器高、低压绕组之间距离最远，因而高、低压绕组之间漏抗最大，高、中压和中、

低压绕组之间的漏抗就较小；升压结构也有类似情况；有时排在中间的绕组等值电抗会具有负值。

通常变压器铭牌上给出各绕组间的短路电压 $U_{k12}\%$、$U_{k23}\%$ 和 $U_{k31}\%$，可求出各绕组的短路电压为

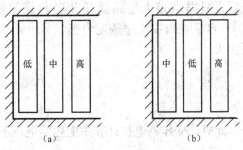

图 3-13 三绕组变压器的绕组排列方式
(a) 降压结构；(b) 升压结构

$$\left.\begin{array}{l} U_{k1}\% = \dfrac{1}{2}(U_{k12}\% + U_{k31}\% - U_{k23}\%) \\[2mm] U_{k2}\% = \dfrac{1}{2}(U_{k12}\% + U_{k23}\% - U_{k31}\%) \\[2mm] U_{k3}\% = \dfrac{1}{2}(U_{k23}\% + U_{k31}\% - U_{k12}\%) \end{array}\right\}$$

$$(3-24)$$

类似于式（3-18）可得到相应的各绕组电抗为

$$\left.\begin{array}{l} X_{T1} = \dfrac{U_{k1}\% U_N^2}{100 S_N} \\[3mm] X_{T2} = \dfrac{U_{k2}\% U_N^2}{100 S_N} \\[3mm] X_{T3} = \dfrac{U_{k3}\% U_N^2}{100 S_N} \end{array}\right\}$$

$$(3-25)$$

应该指出，产品铭牌给出的短路电压都是归算到各绕组中通过变压器额定电流时的数值，因此，在计算三绕组容量不同的变压器电抗时，其短路电压不必再进行归算。

（三）导纳

三绕组变压器导纳的计算方法和求双绕组变压器导纳的方法相同，按式（3-19）、式（3-20）计算。

三、自耦变压器的参数和等值电路

由于自耦变压器有优越的经济性，因此得到愈来愈广泛的应用。电力系统中使用的一般是三绕组自耦变压器，其电气接线如图 3-14 (a) 所示。就端子等效而言，它和普通三绕组变压器是一样的，见图 3-14 (b)。因此，自耦变压器的参数和等值电路的确定也和普通变压器相同，只是因自耦变压器第三绕组的容量小于变压器的额定容量 S_N，而短路试验数据中的 ΔP_{k23}、ΔP_{k31} 和 $U_{k23}\%$、$U_{k31}\%$ 一般是未经归算的。所以，用此数据进行参数计算时有一个容量归算问题，即需将短路损耗 ΔP_{k23}、ΔP_{k31} 乘以 $\left(\dfrac{S_N}{S_3}\right)^2$，将短路电压百分值 $U_{k23}\%$、$U_{k31}\%$ 乘以 $\dfrac{S_N}{S_3}$，通过这样的归算后再代入相应的公式计算变压器的阻抗。但按新标准，制

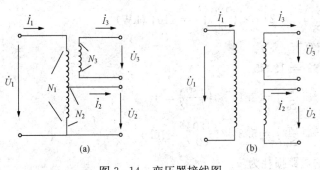

图 3-14 变压器接线图
(a) 自耦变压器；(b) 三绕组变压器

造厂也只提供最大短路损耗和经归算的短路电压百分值。所谓最大短路损耗，指两个100%容量绕组中流过额定电流，另一个100%或50%容量绕组空载的损耗。这时的计算公式为

$$R_{T(100\%)} = \frac{P_{k\,max}U_N^2}{2000S_N^2} \\ R_{T(50\%)} = 2R_{T(100\%)} \Bigg\}$$

(3-26)

此时，变压器电抗计算中的短路电压不需要再进行归算。

【例3-4】　某 10kV 变电所装有一台 SJL1-630/10 型变压器，其铭牌数据为：$S_N=0.63MVA$，$U_{N1}/U_{N2}=10/0.4kV$，$\Delta P_0=8.4kW$，$\Delta P_0=1.3kW$，$U_k\%=4$，$I_0\%=2$。求变压器的各项参数。

解　由式（3-17）可得

$$R_T = \frac{\Delta P_k U_{N1}^2}{1000S_N^2} = \frac{8.4 \times 10^2}{1000 \times 0.63^2} = 2.12 \; (\Omega)$$

由式（3-18）可得

$$X_T = \frac{U_k\%U_{N1}^2}{100S_N} = \frac{4 \times 10^2}{100 \times 0.63} = 6.35 \; (\Omega)$$

由式（3-19）可得

$$G_T = \frac{\Delta P_0}{1000U_{N1}^2} = \frac{1.3}{1000 \times 10^2} = 1.3 \times 10^{-5} \; (S)$$

由式（3-20）可得

$$B_T = \frac{I_0\%S_N}{100U_{N1}^2} = \frac{2 \times 0.63}{100 \times 10^2} = 1.26 \times 10^{-4} \; (S)$$

【例3-5】　某发电厂内装设一台 SSPSL10-120000/220 型变压器，三个绕组容量比为 100/100/50，铭牌给出的其他数据：$S_N=120MVA$，$\Delta P_0=129kW$，$\Delta P_{k12}=465kW$，$\Delta P_{k23}=258kW$，$\Delta P_{k31}=276kW$，$U_{k12}\%=12.75$，$U_{k23}\%=8.15$，$U_{k31}\%=5.3$，$I_0\%=0.65$。三个绕组的额定电压比 242/121/10.5kV。求变压器的各项参数值。

解　（1）首先进行短路损耗和短路电压的归算，根据自耦变压器短路损耗归算有

$$\Delta P'_{k12} = \Delta P_{k12} = 465(kW)$$

$$\Delta P'_{k23} = \Delta P_{k23} \left(\frac{S_N}{S_3}\right)^2 = 258 \times \left(\frac{120}{60}\right)^2 = 1032 \; (kW)$$

$$\Delta P'_{k31} = \Delta P_{k31} \left(\frac{S_N}{S_3}\right)^2 = 276 \times \left(\frac{120}{60}\right)^2 = 1104 \; (kW)$$

根据自耦变压器短路电压百分值归算有

$$U'_{k12}\% = U_{k12}\% = 12.75$$

$$U'_{k23}\% = U_{k23}\% \left(\frac{S_N}{S_3}\right) = 8.15 \times \left(\frac{120}{60}\right) = 16.3$$

$$U'_{k31}\% = U_{k31}\% \left(\frac{S_N}{S_3}\right) = 5.3 \times \left(\frac{120}{60}\right) = 10.6$$

（2）由式（3-21）计算每个绕组的短路损耗为

$$\Delta P_{k1} = \frac{1}{2}(\Delta P'_{k12} + \Delta P'_{k31} - \Delta P'_{k23}) = \frac{1}{2} \times (465 + 1104 - 1032) = 268.5 \; (kW)$$

$$\Delta P_{k2} = \frac{1}{2}(\Delta P'_{k12} + \Delta P'_{k23} - \Delta P'_{k31}) = \frac{1}{2} \times (465 + 1032 - 1104) = 196.5 \text{ (kW)}$$

$$\Delta P_{k3} = \frac{1}{2}(\Delta P'_{k23} + \Delta P'_{k31} - \Delta P'_{k12}) = \frac{1}{2} \times (1032 + 1104 - 465) = 835.5 \text{ (kW)}$$

由式（3-22）计算各绕组电阻为

$$R_{T1} = \frac{\Delta P_{k1} U_{N1}^2}{1000 S_N^2} = \frac{268.5 \times 242^2}{1000 \times 120^2} = 1.092 \text{ (}\Omega\text{)}$$

$$R_{T2} = \frac{\Delta P_{k2} U_{N1}^2}{1000 S_N^2} = \frac{196.5 \times 242^2}{1000 \times 120^2} = 0.799 \text{ (}\Omega\text{)}$$

$$R_{T3} = \frac{\Delta P_{k3} U_{N1}^2}{1000 S_N^2} = \frac{835.5 \times 242^2}{1000 \times 120^2} = 3.39 \text{ (}\Omega\text{)}$$

（3）由式（3-24）计算各绕组的短路电压为

$$U_{k1}\% = \frac{1}{2}(U'_{k12}\% + U'_{k31}\% - U'_{k23}\%) = \frac{1}{2} \times (12.75 + 10.6 - 16.3) = 3.53$$

$$U_{k2}\% = \frac{1}{2}(U'_{k12}\% + U'_{k23}\% - U'_{k31}\%) = \frac{1}{2}(12.75 + 16.3 - 10.6) = 9.23$$

$$U_{k3}\% = \frac{1}{2}(U'_{k23}\% + U'_{k31}\% - U'_{k12}\%) = \frac{1}{2}(16.3 + 10.6 - 12.75) = 7.03$$

由式（3-25）计算各绕组电抗为

$$X_{T1} = \frac{U_{k1}\% U_{N1}^2}{100 S_N} = \frac{3.53 \times 242^2}{100 \times 120} = 17.23 \text{ (}\Omega\text{)}$$

$$X_{T2} = \frac{U_{k2}\% U_{N1}^2}{100 S_N} = \frac{9.23 \times 242^2}{100 \times 120} = 45.05 \text{ (}\Omega\text{)}$$

$$X_{T3} = \frac{U_{k3}\% U_{N1}^2}{100 S_N} = \frac{7.03 \times 242^2}{100 \times 120} = 34.3 \text{ (}\Omega\text{)}$$

（4）由式（3-19）计算励磁电导为

$$G_T = \frac{\Delta P_0}{1000 U_{N1}^2} = \frac{129}{1000 \times 242^2} = 2.2 \times 10^{-6} \text{ (S)}$$

（5）由式（3-20）计算励磁电纳为

$$B_T = \frac{I_0 \% S_N}{100 U_{N1}^2} = \frac{0.65 \times 120}{100 \times 242^2} = 1.33 \times 10^{-5} \text{ (S)}$$

第三节 发电机和负荷的参数及等值电路

发电机和负荷是电力系统中两个重要元件，它们的运行特性很复杂，这里只介绍一些最基本的概念和计算公式。

一、发电机的参数及等值电路

由于发电机定子绕组的电阻相对较小，通常可略去。发电机在运行时主要表现参数为其电抗。

（一）发电机的电抗

制造厂一般给出以发电机额定阻抗为基准的发电机电抗百分比 $X_G(\%)$，即 $X_G(\%) = (X_G/Z_N) \times 100\%$，而 $Z_N = U_N/(\sqrt{3} I_N) = \frac{U_N^2}{S_N}$，故

$$X_{\mathrm{G}} = \frac{X_{\mathrm{G}}(\%)}{100} \times \frac{U_{\mathrm{N}}}{\sqrt{3}\,I_{\mathrm{N}}} = \frac{X_{\mathrm{G}}(\%)}{100} \times \frac{U_{\mathrm{N}}^2 \cos\varphi_{\mathrm{N}}}{P_{\mathrm{N}}} \tag{3-27}$$

式中　X_{G}——发电机的电抗，Ω；

　　X_{G}（％）——发电机以其额定阻抗为基准的电抗百分值；

　　　U_{N}——发电机的额定线电压，kV；

　　　S_{N}——发电机的额定视在功率，MVA；

　　　P_{N}——发电机的额定有功功率，MW；

　　　I_{N}——发电机的额定电流，kA；

　　$\cos\varphi_{\mathrm{N}}$——发电机的额定功率因数。

（二）发电机的等值电路

当发电机的 d、q 轴电抗相等（或可认为相等）时，发电机的等值电路可表示为图 3-15。图 3-15（a）中 $\dot{E}_{\mathrm{G}}$ 及 X_{G} 的含义视具体情况而异，此处称它们分别为发电机的电动势 $\dot{E}_{\mathrm{G}}$ 和发电机的电抗 X_{G}。

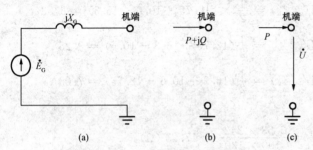

图 3-15　发电机的等值电路

(a) 以电压源表示；(b) 以发出的功率 P+jQ 表示；
(c) 以发出的有功功率 P 及机端电压 $\dot{U}$ 表示

需强调指出，在稳态运行时，发电机一般可以用两个变量来表示，即用它发出的有功功率 P 和无功功率 Q 的大小或它发出的有功功率 P 和它的端电压 $\dot{U}$ 的大小来表示，如图 3-15（b）、（c）所示。而以图 3-15（c）表示时，往往还需伴随给出相应的无功功率限额，即允许发电机发出的最大、最小无功功率 $Q_{\max}$、$Q_{\min}$。

二、负荷的参数及等值电路

（一）以功率表示

在电力系统稳态分析（正常运行分析）中，负荷的等值方法最简单，以给定的负荷有功功率 P_l 和无功功率 Q_l（写成复功率为 $\dot{S} = P_l + jQ_l$）接在相应的负荷节点上即可，见图 3-16。当负荷为感性时，其无功 Q_l 为正值，当负荷为容性时，Q_l 为负值。

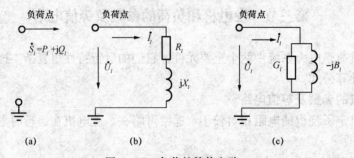

图 3-16　负荷的等值电路

(a) 以功率表示；(b) 以阻抗表示；(c) 以导纳表示

（二）以阻抗或导纳表示

当负荷由图 3-16（a）等值为图 3-16（b），即要用阻抗表示负荷时，假设已知单相复

功率 $\dot{S}_l$ 为

$$\dot{S}_l = P_l + jQ_l = \dot{U}_l \overset{*}{I}_l = \frac{U_l^2}{\overset{*}{Z}_l} = \frac{U_l^2}{R_l - jX_l}$$

$$R_l - jX_l = \frac{U_l^2}{\overset{*}{S}_l} = \frac{U_l^2}{S_l^2}\overset{*}{S}_l = \frac{U_l^2}{S_l^2}(P_l - jQ_l) \qquad (3\text{-}28)$$

故

$$\left.\begin{array}{l} R_l = \dfrac{U_l^2}{S_l^2}P_l \\[2mm] X_l = \dfrac{U_l^2}{S_l^2}Q_l \end{array}\right\} \qquad (3\text{-}29)$$

由式可见，当负荷为感性时，$Q_l > 0$，因而 $X_l > 0$，等值阻抗 Z_l 呈感性；而当负荷为容性时，$Q_l < 0$，因而 $X_l < 0$，等值阻抗 Z_l 呈容性。

而当负荷以导纳 Y_l 等值时，分析方法与以阻抗 Z_l 等值时类似，且两者之间的关系为

$$Y_l = \frac{1}{Z_l}$$

需要说明的是，按推导时的条件式的参数均为每相的值。但若将负荷的三相功率值及线电压值同时带入式，由它算出的 R_l 及 X_l 仍然保持不变，即仍为每相负荷的等值电阻和电抗。

第四节 标么制及其应用

本章前三节所叙述的电压、电流、功率、阻抗等物理量均以在数值后面带有 V（或 kV）、A（或 kA）、kVA（或 MVA）等物理单位的量值表示。这种将实际数字和明确的物理量纲相结合的物理量值称为有名值。计算或论述中所有物理量均用有名值表示，就称为有名制。但是由于标么制具有计算结果清晰，便于迅速计算结果的正确性，可大量简化计算等优点，在电力系统分析计算中经常采用。

一、标么值

一个物理量的标么值定义式为

$$\text{标么值} = \frac{\text{有名值（具有单位）}}{\text{基准值（与有名值同单位）}} \qquad (3\text{-}30)$$

显然，一个物理量的标么值是有名值与具有同样单位的一个有名基准值的比值，本身已不再具有单位。事实上它是以基准值的倍数描述一个物理量。故标么值实际上是一个相对值。

三相对称系统中，线电压为相电压的 $\sqrt{3}$ 倍，三相功率为单相功率的 3 倍，如取线电压的基准值为相电压基准值的 $\sqrt{3}$ 倍，三相功率的基准值为单相功率基准值的 3 倍，则线电压和相电压的标么值相等，三相功率和单相功率的标么值相等，这也是使用标么值的一个优点。

基准值的单位应与有名值单位相同是选择基准值的一个限制条件。选择基准值的另一个限制条件是阻抗、导纳、电压、电流、功率的基准值之间符合电路的基本关系，如阻抗、导纳基准值为每相阻抗、导纳，电压、电流的基准值为线电压、线电流，功率的基准值为三相功率，则这些基准值之间应有如下关系

$$\left.\begin{array}{l} S_{\rm B} = \sqrt{3}\,U_{\rm B}I_{\rm B} \\[4pt] Y_{\rm B} = \sqrt{3}\,I_{\rm B}Z_{\rm B} \\[4pt] Z_{\rm B} = \dfrac{1}{Y_{\rm B}} \end{array}\right\} \tag{3-31}$$

式中　$Z_{\rm B}$、$Y_{\rm B}$——每相阻抗、导纳的基准值；

　　　$U_{\rm B}$、$I_{\rm B}$——线电压、线电流的基准值

　　　$S_{\rm B}$——三相功率的基准值

由此可见，五个基准值中只有两个可以任选，其余三个派生而得。通常，先选定 $S_{\rm B}$、$U_{\rm B}$，再求出其他基准值

$$\left.\begin{array}{l} Z_{\rm B} = \dfrac{U_{\rm B}^{2}}{S_{\rm B}} \\[8pt] Y_{\rm B} = \dfrac{S_{\rm B}}{U_{\rm B}^{2}} \\[8pt] I_{\rm B} = \dfrac{S_{\rm B}}{\sqrt{3}\,U_{\rm B}} \end{array}\right\} \tag{3-32}$$

功率的基准值全网一个，一般为 100MVA 或 1000MVA，如果进行电压级归算，则电压的基准值取基本级的额定电压。如拟将参数和变量都归算至 220kV 电压侧，则基准电压就取 220kV。

二、不同基准值的标么值之间的变换

前已述及，基准值不同，同一物理量的标么值不同，实际计算中常采用不同基准值。比如，电机制造厂生产的发电机、变压器、电抗器等，它们的参数都以设备的额定值为基准的标么值或百分值给出。例如同步发电机的同步电抗 $x_{\rm d}=1.5$，变压器的短路电压 $U_{\rm k}\% =10.5$ 等。在电力系统计算中采用上面介绍的一套统一基准值。因此就要求将额定值为基准的标么值与统一基准值的标么值相互进行转换。下面以电抗为例说明换算的方法。

若电抗以 $X=\dfrac{U}{\sqrt{3}\,I}$ 表示，用统一基准值表示的电抗标么值为

$$X_{*} = X\,\frac{\sqrt{3}\,I_{\rm B}}{U_{\rm B}} \tag{3-33}$$

式中　$U_{\rm B}$、$I_{\rm B}$——统一基准值；

　　　X——电抗有名值。

用额定值作基准值的电抗标么值为

$$X_{*{\rm N}} = X\,\frac{\sqrt{3}\,I_{\rm N}}{U_{\rm N}} \tag{3-34}$$

式中　$I_{\rm N}$、$U_{\rm N}$——分别为额定电流和额定电压。

由式（3-34）求出电抗有名值 X 代入式（3-33）后，得到

$$X_{*} = X_{*{\rm N}}\,\frac{U_{\rm N}}{U_{\rm B}}\,\frac{I_{\rm B}}{I_{\rm N}} \tag{3-35}$$

把电流用电压和功率代换后，可得另一种常用的变换式为

$$X_{*} = X_{*{\rm N}}\left(\frac{U_{\rm N}}{U_{\rm B}}\right)^{2}\frac{S_{\rm B}}{S_{\rm N}} \tag{3-36}$$

变压器铭牌参数短路电压百分值

$$U_k\% = \frac{\sqrt{3}\,I_N X_T}{U_N} \times 100$$

将其除 100 就变为以额定值为基准的变压器电抗标么值，代入式（3 - 36）就可以变成统一基准值的变压器电抗标么值为

$$X_{T*} = \frac{U_k\%}{100}\left(\frac{U_N}{U_B}\right)^2 \frac{S_B}{S_N} \qquad (3 - 37)$$

【例 3 - 6】 有一台 SLPF12000/220 型双绕组变压器，额定容量为 120MVA，额定电压为 220/38.5kV，短路电压百分值为 13.61，求以基准功率 $S_B = 100MVA$，基准电压 $U_B = 230kV$。计算变压器的标么电抗。

解 已知 $S_B = 100MVA$，$U_B = 230kV$，$S_N = 120MVA$，$U_N = 220kV$，$U_k\% = 13.61$，所以

$$X_{T*} = \frac{U_k\%}{100}\left(\frac{U_N}{U_B}\right)^2 \frac{S_B}{S_N}$$

$$= \frac{13.61}{100} \times \left(\frac{220}{230}\right)^2 \times \frac{100}{120} = 0.104$$

三、其他量的标么值的计算

除去电压、电流、功率、阻抗这些量需要用标么值表示之外，第八章中会遇到频率、角速度、时间等量也需要表示成标么值。

求频率标么值，一般选择额定频率为基准频率，即 $f_B = f_N = 50Hz$，所以

$$f_* = \frac{f}{f_N}$$

角速度的基准值选取 $\omega_B = 2\pi f_B = 2\pi f_N$，实际角速度为 $\omega_B = 2\pi f$ 时，角速度的标么值为

$$\omega_* = \frac{\omega}{\omega_B} = \frac{f}{f_B} = f_*$$

时间的基准值一般令其 $t_B = \dfrac{1}{\omega_B} = \dfrac{1}{\omega_N}$，$\omega_N$ 为同步发电机额定角速度 $\left[\text{当 } f_N = 50Hz \text{ 时，} t_B = \dfrac{1}{2\pi f_N} = \dfrac{1}{314} \text{ (s)}\right]$，据此可求出时间的标么值。

考虑到

$$X = \omega_N L, \Phi = IL, E = \omega_N \Phi$$

这些关系，由于 ω_N 的标么值等于 1，上述各量的标么值为

$$X_* = L_*, \Phi_* = I_* X_*, E_* = \Phi_*$$

在标么制中正弦函数也可表示为

$$\sin\omega_N t = \sin\frac{\omega_N t}{\frac{1}{\omega_N}\omega_N} = \sin\frac{\omega_N t}{\omega_N t_B} = \sin t_*$$

标么值有明显的优点，因此在电力系统计算中得到普遍采用。其主要优点简要归纳为：

（1）三相计算公式与单相计算公式一致，省去了 $\sqrt{3}$ 倍的常数，不必考虑相电压、线电压的差别和三相功率、单相功率的差别。

（2）多级电压网中可以避免繁琐的按变比来回归算，在精确计算中只需对基准电压归算

一次。而在近似计算中则不必归算，使计算大大简化。

（3）使各种设备参数便于比较，易于识别设备性能。如不同型号的发电机、变压器参数有名值差别很大，而用标么值表示后就比较接近。

（4）容易对计算结果做分析、比较及判断正、误。如潮流计算的结果，节点电压的标么值都应在1的附近，过大或过小都说明计算有误。

当然标么值也有缺点，物理概念模糊就是缺点之一。

后面的叙述中，为了书写简单，标么值的下标符号 * 一律省略。

第五节　电力系统等值电路

电力系统的等值网络是由构成系统的各元件的等值电路按这些元件在实际电力系统中的连接顺序连接而成。

既然系统中元件的物理量可以用两种形式，有名值和标么值来同时表示，则由元件构成的电力系统的等值电路也可以分别由有名制和标么制两种方式来表示。下面分别介绍。

一、有名制等值电路

若系统只有一个电压等级，那么按照本章前几节介绍的方法算出各元件的参数，并做出各元件的等值电路后，再按元件的连接关系将它们各自的等值电路连接起来就得到了电力系统的等值电路。

若电力系统有多个电压等级，则在计算中，还需将不同电压等级下的阻抗、导纳、电压、电流等有名值归算至同一电压级，该电压级称为基本级。一般取所计算系统的最高电压级作为基本级，归算时的计算式为

$$\left. \begin{array}{l} R = R'(k_1 k_2 k_3 \cdots)^2 \\ X = X'(k_1 k_2 k_3 \cdots)^2 \end{array} \right\} \qquad (3-38)$$

$$\left. \begin{array}{l} G = G'\left(\dfrac{1}{k_1 k_2 k_3 \cdots}\right)^2 \\ B = B'\left(\dfrac{1}{k_1 k_2 k_3 \cdots}\right)^2 \end{array} \right\} \qquad (3-39)$$

$$U = U'(k_1 k_2 k_3 \cdots) \qquad (3-40)$$

$$I = I'\left(\dfrac{1}{k_1 k_2 k_3 \cdots}\right) \qquad (3-41)$$

式中　　R'、X'、G'、B'、U'、I'——分别为电阻、电抗、电导、电纳、电压、电流在待归算级下的值，即归算前的值；

　　　　R、X、G、B、U、I——分别为电阻、电抗、电导、电纳、电压、电流归算到基本级后的值；

　　　　k_1、k_2、$k_3 \cdots$——分别为与各参数相应的待归算级到基本级间所有变压器的相应变比。

图 3-17 为具有多个电压等级的电力网接线图，从图中可见，变压器变比所表示的电压与线路额定电压等级并不完全相同，在应用式（3-38）～式（3-41）进行计算时，式中的变比一般取相应变压器两侧额定电压值比。其分子为变压器靠近基本级一侧的绕组的额定变比，而靠近待归算级一侧绕组的额定电压作为变比的分母。

　　显然，对于功率不存在电压级的归算问题。

　　【例3-7】　电力系统接线如图3-18所示。图中各元件的技术数据见表3-3、表3-4。试作该系统归算至110kV的有名值表示的等值电路。变压器的电阻、导纳、线路的电导都略去不计。

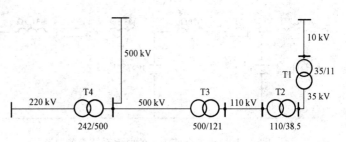

图3-17　具有不同电压等级的电力网

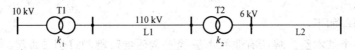

图3-18　电力系统接线图

表3-3　　　　　　　　　　　　　　**变 压 器 技 术 参 数**

名　称	符　号	额定容量 S_N（MVA）	额定电压 U_N（kV）	$U_k\%$
变压器	T1	31.5	10.5/121	10.5
	T2	20	110/6.6	10.5

表3-4　　　　　　　　　　　　　　**线 路 技 术 参 数**

名　称	符　号	导线型号	长度 l（km）	电压（kV）	电阻（Ω/km）	电抗（Ω/km）	电纳（S/km）
线路	L1	LGJ—185	100	110	0.17	0.38	3.15×10^{-6}
	L2	LGJ—300	5	6	0.105	0.383	

解

变压器 T1 的电抗

$$X_{T1} = \frac{U_{k1}\%U_N^2}{100S_N} = \frac{10.5 \times 121^2}{100 \times 31.5} = 48.8 \ (\Omega)$$

线路 L1 的电阻、电抗和电纳为

$$R_{L1} = r_1 l_1 = 0.17 \times 100 = 17 \ (\Omega)$$

$$X_{L1} = x_1 l_1 = 0.38 \times 100 = 38 \ (\Omega)$$

$$\frac{1}{2}B_{L1} = \frac{1}{2}b_1 l_1 = \frac{1}{2} \times 3.15 \times 100 \times 10^{-6} = 1.575 \times 10^{-4} (S)$$

变压器 T2 的电抗为

$$X_{T2} = \frac{U_{k2}\%U_N^2}{100S_N} = \frac{10.5 \times 110^2}{100 \times 20} = 63.5 \ (\Omega)$$

线路 L2 的电阻、电抗为

$$R_{L2} = r_2 l_2 k_2^2 = 0.105 \times 5 \times \left(\frac{110}{6.6}\right)^2 = 145.8 \ (\Omega)$$

$$X_{L2} = x_2 l_2 k_2^2 = 0.383 \times 5 \times \left(\frac{110}{6.6}\right)^2 = 531.9 \ (\Omega)$$

以有名值表示的电力系统等值电路如图3-19所示。

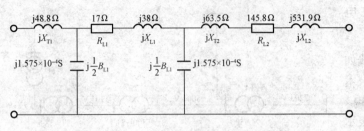

图 3 - 19　以有名值表示的电力系统等值电路

二、标么制等值电路

对于单电压级电力系统，其等值电路的制定与有名值等值电路的制定方式相同，所不同的仅是将各元件的参数用标么值来表示。

对于多电压级电力系统的标么制等值电路的制定有两种方法可供采用。

方法 1 的步骤如下：

（1）指定一个基本级，将所有非基本级的有名值参数都归算到基本级。

（2）指定一套基本级下的基准值（简称基值）。

（3）将上述（1）求得的有名值参数除以（2）指定的同一套基值中的对应基值，即

$$
\left.\begin{aligned}
Z_* &= \frac{Z}{Z_B} = Z\frac{S_B}{U_B^2} \\
Y_* &= \frac{Y}{Y_B} = Y\frac{U_B^2}{S_B} \\
U_* &= \frac{U}{U_B} \\
I_* &= \frac{I}{I_B} = I\frac{\sqrt{3}U_B}{S_B} \\
S_* &= \frac{S}{S_B}
\end{aligned}\right\}
\qquad (3\text{-}42)
$$

式中　Z、Y、U、I——分别为归算到基本级的阻抗、导纳、电压、电流的有名值；

Z_B、Y_B、U_B、I_B——分别为与基本级相对应的阻抗、导纳、电压、电流的基值；

Z_*、Y_*、U_*、I_*——分别为阻抗、导纳、电压、电流的标么值。

方法 2 的步骤如下：

（1）在基本级下指定一套基值；

（2）将由（1）指定的基值分别归算到各电压级，使每一电压级都有一套相应的基值；

（3）每电压级的各参数除以本电压级下一套基值中的相应基值，即

$$
\left.\begin{aligned}
Z_* &= \frac{Z'}{Z_B'} = Z'\frac{S_B'}{U_B'^2} \\
Y_* &= \frac{Y'}{Y_B'} = Y'\frac{U_B'^2}{S_B'} \\
U_* &= \frac{U'}{U_B'} \\
I_* &= \frac{I'}{I_B'} = I'\frac{\sqrt{3}U_B'}{S_B'} \\
S_* &= \frac{S'}{S_B'}
\end{aligned}\right\}
\qquad (3\text{-}43)
$$

式中　Z_*、Y_*、U_*、I_*、S_*——分别为阻抗、导纳、电压、电流、功率的标么值；

Z'、Y'、U'、I'——分别为未经归算的阻抗、导纳、电压、电流的有名值；

Z'_B、Y'_B、U'_B、I'_B、S'_B——分别为由基本级归算到 Z'、Y'、U'、I' 所在电压级的阻抗、导纳、电压、电流、功率的基值。

式（3-43）中的基值可表示为

$$\left.\begin{aligned}
Z'_B &= Z_B \left(\frac{1}{k_1 k_2 k_3 \cdots}\right)^2 \\
Y'_B &= Y_B (k_1 k_2 k_3 \cdots)^2 \\
U'_B &= U_B \left(\frac{1}{k_1 k_2 k_3 \cdots}\right) \\
I'_B &= I_B (k_1 k_2 k_3 \cdots) \\
S'_B &= S_B
\end{aligned}\right\} \qquad (3-44)$$

式中　Z_B、Y_B、U_B、I_B、S_B——分别为基本级下的一套基值。

从式（3-44）的最后一项应注意到，各电压级的功率基值都相等，无需归算。式（3-44）中各个变比的定义与式（3-38）~式（3-41）中的定义相同。因采用方法2时，各参数的有名值不需进行电压级归算，而直接除以本电压级下的相应基值，故也可称为"就地归算"法。

两种方法只要采取相同的基本级，且选定了同一套基值，做出的标幺值等值电路完全相同，可谓殊途同归。

【例3-8】　系统接线图和元件参数同〔例3-7〕，请采用标幺制计算各元件的参数，并作出系统的等值电路。取110kV的基准值为：$S_B=100$MVA，$U_B=110$kV。

解　方法1：〔例3-7〕的计算结果给出110kV下的有名值等值电路，所以直接从方法1中的第（2）步开始，计算基本级110kV下的基值为

$$Z_B = \frac{U_B^2}{S_B} = \frac{110^2}{100} = 121 \ (\Omega)$$

$$Y_B = \frac{1}{Z_B} = \frac{1}{121} \ (S)$$

然后，有名值等值电路的阻抗和导纳分别除以上述基值，得到标幺值等值电路。由于图3-19已给出有名值等值电路图，此处不再表述标幺值等值电路的计算过程。

方法2：

（1）首先按变压器的变比，将基本级的电压、电流、阻抗、导纳的基值分别归算到各电压级，即

$$U'_{B(110)} = U_B = 110\text{kV（基本级）}$$

$$U'_{B(6)} = U_B \frac{1}{k_{T2}} = 110 \times \frac{6.6}{110} = 6.6 \ (\text{kV})$$

$$I'_{B(110)} = \frac{S_B}{\sqrt{3}\, U'_{B(110)}} = \frac{100}{\sqrt{3} \times 110} = 0.5249 \ (\text{kA})（基本级）$$

$$I'_{B(6)} = \frac{S_B}{\sqrt{3}\, U'_{B(6)}} = \frac{100}{\sqrt{3} \times 6.6} = 8.7477 \ (\text{kA})$$

$$Z'_{B(110)} = \frac{U'^2_{B(110)}}{S_B} = \frac{110^2}{100} = 121 \ (\Omega)$$

$$Z'_{B(6)} = \frac{U'^2_{B(6)}}{S_B} = \frac{6.6^2}{100} = 0.4356 \ (\Omega)$$

$$Y'_{B(110)} = \frac{1}{Z'_{B(110)}} = \frac{1}{121} \ (S)$$

$$Y'_{B(6)} = \frac{1}{Z'_{B(6)}} = \frac{1}{0.4356} \ (S)$$

（2）系统各元件电阻、电抗、电纳的标么值计算：

变压器 T1 的电抗

$$X_{T1*} = \frac{U_k(\%)U_N^2}{100 S_N Z'_{B(110)}} = \frac{10.5 \times 121^2}{100 \times 31.5 \times 121} = 0.4033$$

变压器 T2 的电抗

$$X_{T2*} = \frac{U_k(\%)U_N^2}{100 S_N Z'_{B(110)}} = \frac{10.5 \times 110^2}{100 \times 20 \times 121} = 0.525$$

线路 L1 的电阻、电抗、电纳

$$R_{L1*} = r_1 l_1 \frac{1}{Z'_{B(110)}} = 0.17 \times 100 \times \frac{1}{121} = 0.1405$$

$$X_{L1*} = x_1 l_1 \frac{1}{Z'_{B(110)}} = 0.38 \times 100 \times \frac{1}{121} = 0.3140$$

$$\frac{1}{2} B_{L1*} = \frac{1}{2} b_1 l_1 \frac{1}{Y'_{B(110)}} = \frac{1}{2} \times 3.15 \times 100 \times 10^{-6} \times 121 = 1.9058 \times 10^{-2}$$

线路 L2 的电阻、电抗

$$R_{L2*} = r_1 l_2 \frac{1}{Z'_{B(6)}} = 0.105 \times 5 \times \frac{1}{0.4356} = 1.2052$$

$$X_{L2*} = x_1 l_2 \frac{1}{Z'_{B(6)}} = 0.383 \times 5 \times \frac{1}{0.4356} = 4.3962$$

（3）作以标么值表示的电力系统等值电路，如图 3 - 18 所示。

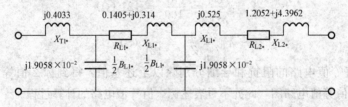

图 3 - 20　以标么值表示的电力系统等值电路

三、等值变压器模型

如上讨论，无论采用有名制或标么制，凡涉及多电压级网络的计算，都必须将网络中所有参数和变量归算到同一电压级。这是因为以 Γ 形或 T 形等值电路作变压器模型时，这些等值电路模型并不能体现变压器实际具有的电压变换功能。以下将介绍另一种可等值体现变压器电压变换功能的模型，也是运用计算机进行电力系统分析计算时采用的变压器模型。由于这种模型体现了电压变换，在多电压级网络计算中采用这种变压器模型后，就可不必进行参数和变量的归算。

首先，从一个未作电压级归算的简单网络入手。设图 3 - 21（a）、（b）中变压器的导纳或励磁支路和线路的导纳支路都可略去；设变压器两侧线路的阻抗都未经归算，即分别为高、低压侧或 I、II 侧线路的实际阻抗，变压器本身的阻抗则归在低压侧；设变压器的变比

为 k，其值为高、低压绕组电压之比。

显然，在这些假设条件下，如在变压器阻抗 Z_T 的左侧串联一变比为 k 的理想变压器 [如图 3-21（c）所示]，其效果就如同将变压器及其低压侧线路的阻抗都归算至高压侧，或将高压侧线路的阻抗归算至低压侧，从而实际上获得将所有参数和变量都归算在同一侧的等值网络。只要变压器的变比取的是实际变比，这一等值网络无疑是严格的。

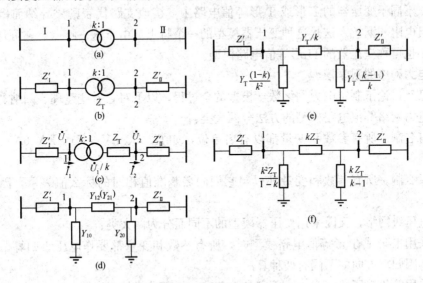

图 3-21 等值双绕组变压器模型

(a) 原始多电压级网络；(b) 接入理想变压器前的等值电路；(c) 接入理想变压器后的等值电路；

(d) 变压器的 Π 形等值电路模型；(e) Π 形等值电路支路以导纳表示时；(f) Π 形等值电路支路以阻抗表示时

由图 3-21（c）可见，流入理想变压器的功率为 $\tilde{S}_1 = \dot{U}_1 \dot{I}_1$，流出理想变压器的功率为 $\tilde{S}_2 = \dot{U}_1 \dot{I}_2/k$。流入、流出理想变压器的功率应相等，得

$$\dot{I}_1 = \dot{I}_2/k \tag{3-45}$$

此外，由图 3-21（c）可直接列出方程

$$\dot{U}_1/k = \dot{U}_2 + \dot{I}_2 Z_T \tag{3-46}$$

联立解式（3-45）和式（3-46）可得

$$\left. \begin{aligned} \dot{I}_1 &= \frac{\dot{U}_1}{Z_T k^2} - \frac{\dot{U}_2}{Z_T k} \\ \dot{I}_2 &= \frac{\dot{U}_1}{Z_T k} - \frac{\dot{U}_2}{Z_T} \end{aligned} \right\} \tag{3-47}$$

设母线 1、2 之间的电路可以一 Π 形等值电路表示 [如图 3-21（d）所示]，则对这一等值电路可列出

$$\left. \begin{aligned} \dot{I}_1 &= (Y_{10} + Y_{12})\dot{U}_1 - Y_{12}\dot{U}_2 \\ \dot{I}_2 &= Y_{21}\dot{U}_1 - (Y_{20} + Y_{21})\dot{U}_2 \end{aligned} \right\} \tag{3-48}$$

对照式（3-47）、式（3-48）可得

$$\left. \begin{aligned} Y_{12} &= Y_{21} = \frac{1}{Z_T k} \\ Y_{10} &= \frac{1-k}{Z_T k^2}, Y_{20} = \frac{k-1}{Z_T k} \end{aligned} \right\} \tag{3-49}$$

$Y_{12}=Y_{21}$ 的成立体现了无源电路的互易特性，图 3-21 (d) 可以成立。然后令 $1/Z_T=Y_T$，就可作以导纳支路表示的变压器模型〔见图 3-21 (e)〕以及以阻抗支路表示的变压器模型〔见图 3-21 (f)〕。

观察图 3-21 可以发现，这种变压器模型的参数的确与变比 k 有关，表明这种模型的确体现了变压器改变电压大小的功能。但也可见，这种 Π 形等值电路中的三个支路并无物理意义可言，不同于变压器的 Γ 形或 T 形等值电路中，接地支路代表励磁导纳而串联阻抗支路代表绕组电阻和漏抗。这是这种变压器模型的一个特点。由于这一特点，它可称为等值变压器模型，也可称变压器的 Π 形等值电路模型。

四、电力网络的数学模型

以上已经讨论了制定电力网络数学模型的全过程，以下对它做些整理、归纳、补充。

制定电力网络等值电路模型的方法分两大类：

(1) 有名制。所有参数和变量都以有名单位，如 Ω、S、kV (V)、kA (A)、MVA 等表示。

(2) 标么制。所有参数和变量都以与它们同名基准值相对的标么值表示，因此都没有单位。

对多电压级网络，又因采用变压器模型的不同而分为两大类：

(1) 采用 Γ 形或 T 形等值电路模型时，所有参数和变量都要作电压级归算。而采用标么值时，还因归算方向的不同有两种算法。

(2) 采用等值变压器模型时，所有参数和变量可不进行归算。

采用有名制或标么制取决于习惯。在我国，电力工程界使用标么制已有多年；但在国外，有名制的使用也很普遍。至于变压器模型的使用范围，则泾渭分明。手算时，都使用 Γ 形或 T 形等值电路模型；计算机计算时，都使用等值变压器模型或 Π 形等值电路模型。

练 习 题

一、思考题

3-1　从使用范围，线路结构方面说说架空线路和电缆线路有何区别？

3-2　架空线路由哪些部件构成？

3-3　输电线路的电阻、电抗、电导、电纳四个电气参数分别反映哪些电气现象？

3-4　架空线为何要换位？

3-5　分裂导线的作用是什么？

3-6　输电线路与长度相关的等值电路有哪些？

3-7　什么是波阻抗？什么是自然功率？

3-8　电力系统计算中使用标么值的优点有哪些？

3-9　变压器有哪些等值电路，各有何特点？

二、计算题

3-10　一回 110kV 架空线，长度为 100km，导线型号是 LGJ-185（单位电阻 $r_1=0.17\Omega$/km，导线外半径 $r=9.5$mm），三相导线排列如图 3-22 所示。计算此线路的参数，并画出等值电路图。

3-11　110kV 架空线路，长 100km，导线型号 LGJ－2×150，双分裂水平排列，相间距离为 4m，三相导线水平排列并经完全换位，每相各导体之间距离为 25cm，每相导线单位电阻 $r_1 = 0.21\Omega/\text{km}$，导线外半径 $r = 17\text{mm}$。试完成：

(1) 计算每千米线路的阻抗及电纳；

(2) 画出线路全长的等值电路并标出参数。

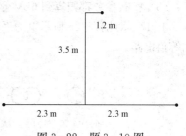

图 3-22　题 3-10 图

3-12　变压器电抗计算公式 $X_{\text{T}} = \dfrac{U_{\text{k}}\% U_{\text{N}}^2}{100 S_{\text{N}}}$（$\Omega$）中的 U_{N} 是用高压侧还是低压侧的额定电压？有什么不同？式中 S_{N}、U_{N} 用什么单位？

3-13　三绕组变压器型号为 SFSL1－31500/110，其铭牌参数：电压比 110/38.5/10.5kV，$\Delta P_0 = 38.4\text{kW}$；$\Delta P_{\text{k12}} = 212\text{kW}$，$\Delta P_{\text{k31}} = 229\text{kW}$，$\Delta P_{\text{k23}} = 181.6\text{kW}$，$U_{\text{k12}}\% = 18$，$U_{\text{k31}}\% = 10.5$，$U_{\text{k23}}\% = 6.5$；$I_0\% = 0.8$。若以 100MVA 为基值，求该变压器各项参数的标么值。

3-14　双回路 220kV 输电线路，长 200km，导线为 LGJ－400，输电线路参数 $r_1 = 0.08\Omega/\text{km}$，$x_1 = 0.411\Omega/\text{km}$，$b_1 = 2.7 \times 10^{-6}\text{S/km}$；受端变电所使用 2 台 OFPSL2－90000/220 型三相三绕组自

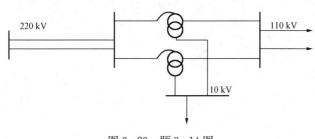

图 3-23　题 3-14 图

耦变压器并列运行，系统接线图如图 3-23 所示。变压器的额定电压为 220/121/38.5kV，容量比为 100/100/50；实测的空载及短路实验数据为：$\Delta P_0 = 59\text{kW}$；$\Delta P_{\text{k13}}' = 333\text{kW}$，$\Delta P_{\text{k23}}' = 265\text{kW}$，$\Delta P_{\text{k12}}' = 277\text{kW}$，$U_{\text{k12}}'\% = 9.09$，$U_{\text{k13}}'\% = 16.45$，$U_{\text{k23}}'\% = 10.75$；$I_0\% = 0.332$。若以 100MW 为基准值，请分别以有名值和标么值表示该电力系统等值电路。

3-15　系统接线图如图 3-24 所示，线路电抗均取 $0.4\Omega/\text{km}$，电阻略去，试用近似公式求各元件参数标么值，并作等值电路。

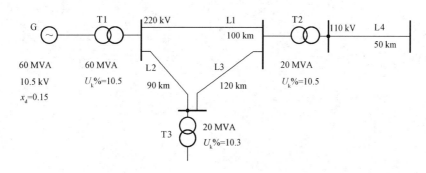

图 3-24　题 3-15 图

3-16　试作用有名值表示的图 3-25 所示电力系统的等值电路，且不计及变压器的电阻和导纳。参数归算：

(1) 所有参数都归算到 10kV 侧，并作等值电路；

(2) 所有参数都归算到 110kV 侧；

（3）所有参数都归算到 6kV 侧。

3-17　对图 3-25 所示电力系统，若取 30MVA 为基值，请分别用两种方法作出系统的标么制等值电路。

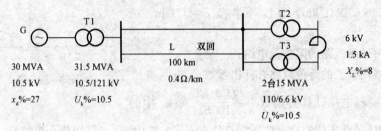

图 3-25　题 3-16 图

第四章 电力系统潮流计算

为了使电力系统能够安全、优质、经济运行，在电力系统的设计、运行及研究工作中，需要针对系统的不同运行状态，做多种多样的计算。本章的任务是讲述电力系统稳态运行时常做的基本计算。

稳态计算时不考虑发电机的参数，把发电机母线视为系统的边界点，因而常把电力系统的计算称为电力网计算。

电力网计算的任务是针对具体的电力系统，根据给定的有功、无功负荷，发电机发出的有功功率以及发电机母线电压有效值，求解电力网中其他各母线的电压、各条线路中的功率以及功率损耗等。这种计算习惯上称为潮流计算，潮流计算不仅经常进行，而且还是其他计算的基础。本章将讲述手算潮流和计算机计算潮流的方法。

第一节 简单电力网的分析和计算

一、基本概念

（一）电压降落、电压损耗、电压偏移

电力系统中一条线路或一台变压器中有负荷 $\dot{S}$ 流过时，其首端和末端的电压不同。现以一个最简单的系统说明。如图 4-1（a）所示，发电机通过一条线路向一个用户供电。用户的负荷为 $\dot{S}_2 = P_2 + jQ_2$。设线路末端的相电压为 $\dot{U}_{2\varphi}$，线路每相的阻抗为 $Z = R + jX$。略去导纳后的单相等值电路如图 4-1（b）所示。线路首端相电压应为

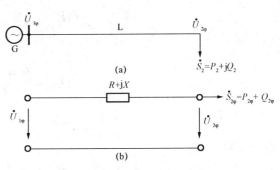

图 4-1 最简单电力系统

(a) 系统接线；(b) 单相等值电路

$$\dot{U}_{1\varphi} = \dot{U}_{2\varphi} + \Delta\dot{U}_{\varphi} = \dot{U}_{2\varphi} + Z\dot{I} \tag{4-1}$$

由公式

$$\dot{S} = \dot{U}_{\varphi}\overset{*}{\dot{I}} \tag{4-2}$$

将电流用功率表示为

$$\dot{I} = \left(\frac{\dot{S}_{2\varphi}}{\dot{U}_{2\varphi}}\right)^* = \frac{P_{2\varphi} - jQ_{2\varphi}}{\overset{*}{U}_{2\varphi}}$$

代回式（4-2）后得到

$$\dot{U}_{1\varphi} = \dot{U}_{2\varphi} + \Delta\dot{U}_{\varphi} = \dot{U}_{2\varphi} + Z\frac{P_{2\varphi} - jQ_{2\varphi}}{\overset{*}{U}_{2\varphi}}$$

该式两侧乘以 $\sqrt{3}\,e^{j30°}$ 可把相电压相量改为线电压相量，单相功率也可以改用三相功率表示，即

$$\dot{U}_1 = \dot{U}_2 + \mathrm{d}\dot{U} = \dot{U}_2 + Z\frac{P_2 - \mathrm{j}Q_2}{\overset{*}{U}_2} \tag{4-3}$$

由式（4-3）的关系式可以得到以线电压和三相负荷表示的等值电路和电压相量图，见图4-2。

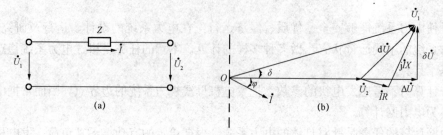

图 4 - 2　最简单电力系统
(a) 等值电路；(b) 电压相量图

输电线路始末两端电压的相量差

$$\mathrm{d}\dot{U} = \dot{U}_1 - \dot{U}_2 = Z\frac{P_2 - \mathrm{j}Q_2}{\overset{*}{U}_2}$$

称为电压降落。设以 $\dot{U}_2$ 为参考电压，即 $\dot{U}_2 = U_2$，电压降落又可以表示为

$$\mathrm{d}\dot{U} = (R + \mathrm{j}X)\frac{P_2 - \mathrm{j}Q_2}{U_2}$$

$$= \frac{P_2 R + Q_2 X}{U_2} + \mathrm{j}\frac{P_2 X - Q_2 R}{U_2} \tag{4-4}$$

令

$$\Delta U = \frac{P_2 R + Q_2 X}{U_2} \tag{4-5}$$

$$\delta U = \frac{P_2 X - Q_2 R}{U_2} \tag{4-6}$$

电压降又可写成

$$\mathrm{d}\dot{U} = \Delta\dot{U} + \mathrm{j}\delta\dot{U} \tag{4-7}$$

式中：$\Delta\dot{U}$ 称为电压降的纵分量；$\delta\dot{U}$ 称为电压降的横分量。

以这两个分量表示的电压相量图见图4-2（b）。根据相量图可以导出计算线路首端电压有效值的算式为

$$U_1 = \sqrt{(U_2 + \Delta U)^2 + (\delta U)^2} \tag{4-8}$$

首、末两端电压的相位差为

$$\delta = \mathrm{tg}^{-1}\frac{\delta U}{U_2 + \Delta U} \tag{4-9}$$

上面是假设线路末端的电压及负荷为已知时，导出的首端和末端电压的关系。若已知线路首端的电压及负荷，也可以得到类似的关系

$$\dot{U}_2 = \dot{U}_1 - \mathrm{d}\dot{U}' = \dot{U}_1 - Z\frac{P_1 - \mathrm{j}Q_1}{\overset{*}{U}_1} \tag{4-10}$$

$$\mathrm{d}\dot{U}' = \dot{U}_1 - \dot{U}_2 = \frac{P_1 R + Q_1 X}{U_1} + \mathrm{j}\frac{P_1 X - Q_1 R}{U_1} \tag{4-11}$$

电压降的纵分量及横分量分别是

$$\Delta U' = \frac{P_1 R + Q_1 X}{U_1} \tag{4-12}$$

$$\delta U' = \frac{P_1 X - Q_1 R}{U_1} \tag{4-13}$$

线路末端的电压相量为

$$\dot{U}_2 = \dot{U}_1 - (\Delta U' + \mathrm{j}\delta U') \tag{4-14}$$

图 4-3 表示出了它们的相量关系。根据相量图得到
末端电压的有效值为

$$U_2 = \sqrt{(U_1 - \Delta U')^2 + (\delta U')^2} \tag{4-15}$$

此时首、末端电压的相位差是

$$\delta' = \mathrm{tg}^{-1} \frac{\delta U'}{U_1 - \Delta U'} \tag{4-16}$$

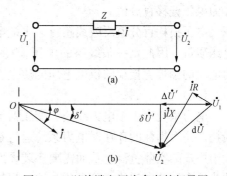

　电力系统中无功负荷一般属于感性无功负荷，
上面的推导均是按感性无功负荷进行的，若是容性
无功负荷时上述各式中的无功功率应变号。

图 4-3　以首端电压为参考的相量图
(a) 系统等值电路；(b) 电压相量图

　　式（4-8）及式（4-15）表明，当已知电力
线路某一端的电压以及线路电压降的纵、横分量后，可以精确地计算出另一端的电压。
为了避免繁琐的开方运算，可将这两个公式按二项式展开并取前两项，即得到以下的近
似计算公式

$$\left. \begin{array}{l} U_2 = U_1 - \Delta U' + \dfrac{\delta U'^2}{2(U_1 - \Delta U')} \\[2mm] U_1 = U_2 + \Delta U + \dfrac{\delta U^2}{2(U_2 + \Delta U)} \end{array} \right\} \tag{4-17}$$

　　电压降的纵分量与线路电压比较数值上远小于线路电压，故可以把式（4-17）分母中
的 $\Delta U'$ 及 $\Delta U''$ 略去，改写成

$$\left. \begin{array}{l} U_1 = U_2 + \Delta U + \dfrac{\delta U^2}{2U_2} \\[2mm] U_2 = U_1 - \Delta U' + \dfrac{\delta U'^2}{2U_1} \end{array} \right\} \tag{4-18}$$

　　实际工程计算表明，电压降的横分量与线路电压比较也很小。线路首、末端电压相位差
也不大，因此可将式（4-18）进一步简化成

$$\left. \begin{array}{l} U_1 = U_2 + \Delta U \\ U_2 = U_1 - \Delta U' \end{array} \right\} \tag{4-19}$$

运用该式做电压计算一般也能满足工程要求。

　　一条线路首、末端电压有效值之差

$$\Delta U = U_1 - U_2 \tag{4-20}$$

称为线路的电压损耗。由式（4-19）可见，在近似计算中电压损耗就等于电压降落的纵分
量。为了便于比较电压损耗的大小，常采用所谓电压损耗百分值。电压损耗百分值为电压损
耗与相应线路的额定电压相比的百分值，即

$$\Delta U\% = \frac{U_1 - U_2}{U_N} \times 100 \tag{4-21}$$

由于电力线路中存在电压损耗，线路中各点的实际电压不等。任意一点的实际电压有效值与线路额定电压有效值的差值（$U - U_N$）称为电压偏移。它与额定电压的比值的百分数，即

$$电压偏移 \% = \frac{U - U_N}{U_N} \times 100 \tag{4-22}$$

称为电压偏移百分值。

电压损耗百分值反映线路首、末端电压偏差的大小。电压损耗百分值过大直接影响供电电压质量。因此，一条线路的电压损耗百分值在线路通过最大负荷时一般不应超过 10%。而电压的偏移直接反映供电电压的质量。

（二）功率损耗

电力系统中由于电力线路、变压器等设备具有阻抗和导纳，造成了有功功率及无功功率损耗。功率损耗的存在对电力系统运行是不利的。一方面它迫使投入运行的发电设备容量要大于用户的实际负荷，从而需要多装设发电机组，多消耗大量的一次能源；另一方面它产生的热量会加速电气绝缘的老化。这一损耗过大时，还可能因过热烧毁绝缘和熔化导体，致使设备损坏，影响系统的安全运行。所以运行中要设法降低电力系统中的功率损耗。

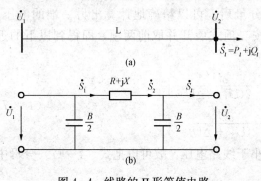

图 4-4　线路的 Ⅱ 形等值电路

1. 线路中功率损耗计算

如图 4-4（a）所示的简单线路，若已知末端的电压 $\dot U_2$ 及负荷 $\dot S_l = P_l + jQ_l$，略去电导时，线路可用图 4-4（b）的 Ⅱ 形等值电路表示。它的功率损耗由下述三部分组成：

（1）线路末端导纳中的功率损耗。由于忽略了线路的电导，此处只有线路末端电纳（其值为线路电纳 B 的 $1/2$）中的功率损耗为

$$\Delta \dot S_{B2} = -j\Delta Q_{B2} = -j\frac{B}{2}U_2^2 \tag{4-23}$$

式中的负号表示容性无功功率。

（2）阻抗中的功率损耗。线路阻抗中的功率损耗包括有功功率损耗和无功功率损耗，其值的大小与流过阻抗的电流平方成正比，分别可写成

$$\Delta P = 3I^2 R$$

$$\Delta Q = 3I^2 X$$

其中的电流既可用线路末端的功率 S_2 和电压 U_2 表示，也可以用首端的功率 S_1 和电压 U_1 表示。当用末端量表示时这些功率损耗计算公式可以改写成

$$\Delta P = \left(\frac{S_2}{U_2}\right)^2 R = \frac{P_2^2 + Q_2^2}{U_2^2} R \tag{4-24}$$

$$\Delta Q = \left(\frac{S_2}{U_2}\right)^2 X = \frac{P_2^2 + Q_2^2}{U_2^2} X \tag{4-25}$$

若用首端量表示，公式改写为

$$\Delta P = \left(\frac{S_1}{U_1}\right)^2 R = \frac{P_1^2 + Q_1^2}{U_1^2} R \tag{4-26}$$

$$\Delta Q = \left(\frac{S_1}{U_1}\right)^2 X = \frac{P_1^2 + Q_1^2}{U_1^2} X \tag{4-27}$$

（3）线路首端导纳中的功率损耗。该功率损耗与线路首端电压有关，由于略去了电导，只有电纳中的功率损耗为

$$\Delta \dot{S}_{B1} = -\mathrm{j}\Delta Q_{B1} = -\mathrm{j}\frac{B}{2}U_1^2 \tag{4-28}$$

2. 变压器中的功率损耗计算

由于变压器所处位置的不同，使已知条件不同。如果是变电所中的变压器，经常是负荷侧的功率为已知，则末端 $\dot{S}_2$ 已知；如果是发电厂中的变压器，经常是电源侧功率为已知，则始端 $\dot{S}_1$ 已知。

变压器中的功率损耗包括阻抗中的功率损耗与导纳中的功率损耗两部分。若已求出变压器等值电路的阻抗 $Z_T = R_T + \mathrm{j}X_T$ 及导纳 $Y_T = G_T + \mathrm{j}B_T$，阻抗上的功率损耗计算可以采用求线路阻抗中功率损耗的计算公式（4-24）~式（4-27）。而导纳中的功率损耗应当是

$$\left.\begin{array}{l} \Delta P_{TG} = G_T U_1^2 \\ \Delta Q_{TB} = B_T U_1^2 \end{array}\right\} \tag{4-29}$$

如果不需要计算变压器的阻抗、导纳时，这些功率损耗可以直接利用制造厂给出的短路及空载试验数据求得，公式的推导仅把第三章求变压器参数的公式代入式（4-24）、式（4-25）及式（4-29）即得

$$\left.\begin{array}{l} \Delta P_{TR} = \dfrac{\Delta P_k U_N^2 S_2^2}{1000 U_2^2 S_N^2}, \Delta Q_{TX} = \dfrac{U_k\%U_N^2 S_2^2}{100 U_2^2 S_N} \\[3mm] \Delta P_{TG} = \dfrac{P_0 U_1^2}{1000 U_N^2}, \Delta Q_{TB} = \dfrac{I_0\%U_1^2 S_N}{100 U_N^2} \end{array}\right\} \tag{4-30}$$

实际计算时一般设 $U_1 = U_N$、$U_2 = U_N$，因而这些公式可以简化成

$$\left.\begin{array}{l} \Delta P_{TR} = \dfrac{\Delta P_k S_2^2}{1000 S_N^2}, \Delta Q_{TX} = \dfrac{U_k\%S_2^2}{100 S_N} \\[3mm] \Delta P_{TG} = \dfrac{P_0}{1000}, \Delta Q_{TB} = \dfrac{I_0\%}{100}S_N \end{array}\right\} \tag{4-31}$$

式中 ΔP_k、$U_k\%$——分别为变压器的短路损耗及短路电压百分值；

         P_0、$I_0\%$——分别为空载损耗及空载电流百分值。

二、开式电力网的电压、功率计算

开式电力网（简称开式网）是一种简单的电力网，可分成无变压器的同一电压等级的开式网与有变压器的多级电压开式网。每一种又包括有分支的开式网与无分支的开式网两种。开式网的负荷一般以集中负荷表示，并且在计算中总是作为已知量。

（一）同一电压等级开式网计算

为不失一般性，以图 4-5 所示的有三段线路、三个集中负荷组成的开式网为例说明其计算方法。三个负荷分别是 $\dot{S}_{la}$、$\dot{S}_{lb}$、$\dot{S}_{lc}$，每段线路用一个 Π 形等值电路表示。设参数已知，整个开式网可用图 4-5（b）所示的串联 Π 形等值网络表示。

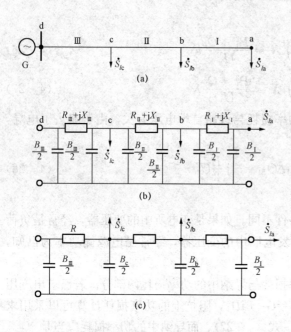

图 4-5　同一电压等级开式网

(a) 开式网接线；(b) 等值电路；(c) 简化等值电路

进行开式网的计算首先要给定一个节点的电压，作为已知电压。由于已知电压的节点不同，计算的步骤略有差别。若已知开式网的末端电压 U_a，则由末端逐段向首端推算。首先合并 b、c 点的对地导纳，将等值电路简化成图 4-5（c）；然后按下述步骤计算：

第一步：设 $\dot{U}_a$ 为参考电压，即 $\dot{U}_a = U_a$。

计算第 Ⅰ 段线路末端电纳中的功率损耗为

$$\Delta \dot{S}_{B\mathrm{I}} = -\mathrm{j}\Delta Q_{\mathrm{I}} = -\mathrm{j}\frac{B_{\mathrm{I}}}{2}U_a^2$$

确定送往 a 点的负荷。它应当是负荷 $\dot{S}_{la}$ 与功率 $\Delta \dot{S}_{B\mathrm{I}}$ 之和，即

$$\dot{S}_a = \dot{S}_{la} - \mathrm{j}\Delta Q_{\mathrm{I}}$$

求第 Ⅰ 段线路阻抗中的电压降落及功率损耗为

$$\Delta \dot{U}_{\mathrm{I}} = \left(\frac{\dot{S}_a}{U_a}\right)^* (R_{\mathrm{I}} + \mathrm{j}X_{\mathrm{I}}) = \Delta U_{\mathrm{I}} + \mathrm{j}\delta U_{\mathrm{I}}$$

$$\Delta \dot{S} = \left(\frac{S_a}{U_a}\right)^2 (R_{\mathrm{I}} + \mathrm{j}X_{\mathrm{I}}) = \frac{P_a^2 + Q_a^2}{U_a^2}R_{\mathrm{I}} + \mathrm{j}\frac{P_a^2 + Q_a^2}{U_a^2}X_{\mathrm{I}}$$

确定 b 点电压为

$$\dot{U}_b = U_a + \Delta \dot{U}_{\mathrm{I}} \tag{4-32}$$

第二步：由于已知 b 点的电压，可仿照第一步的计算内容及公式对第 Ⅱ 段线路做同样计算，即求 b 点电纳中的功率损耗；求经线路 Ⅱ 送往 b 点的功率；求第 Ⅱ 段线路阻抗中的电压降落、功率损耗；再求出 c 点的电压 $\dot{U}_c$。

第三步，利用 $\dot{U}_c$ 对第 Ⅲ 段线路做与第二步相同的计算，得到 d 点电压 $\dot{U}_d$。

最后求出由 d 点送出的功率 $\dot{S}_d$，它应是 c 点负荷 $\dot{S}_c$ 与第 Ⅲ 段线路阻抗中的功率损耗 $\Delta \dot{S}_{\mathrm{III}}$ 以及第 Ⅲ 段线路首端电纳中的功率损耗的代数和，即

$$\dot{S}_d = \dot{S}_c + \Delta \dot{S}_{\mathrm{III}} - \mathrm{j}\Delta Q_{B\mathrm{III}} \tag{4-33}$$

根据上面的计算可以画出开式网的电压相量图，见图 4-6。由图可见，各段线路电压降的纵分量相位不同，电压降的横分量相位也不同，因此不能做代数相加。b、c、d 各点电压的有效值均需按式（4-8）计算，而相位角需按式（4-9）计算，$\dot{U}_d$ 与 $\dot{U}_a$ 的相位差角为

$$\delta_d = \sum_{i=\mathrm{I}}^{\mathrm{III}} \delta_i \tag{4-34}$$

上述计算是严格而精确的，但是电力网计算中往往已知首端电压 U_d 及各个集中负荷。此时仅能采用近似计算方法：

首先假定 a、b、c 各点电压等于额定电压 U_N。按图 4-5（c）的等值网络计算 a、b、c 各点对地电纳中的功率损耗，并将它们与接在同一节点的负荷合并，将图 4-5（c）的等值

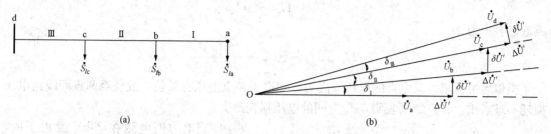

图 4-6 开式网接线及电压相量图

电路简化成图 4-7 的等值电路。合并后
的 a、b、c 各点的负荷为

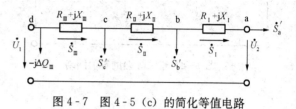

图 4-7 图 4-5（c）的简化等值电路

$$\dot{S}'_a = \dot{S}_{la} - \mathrm{j}\Delta Q_{\mathrm{I}} = \dot{S}_{la} - \mathrm{j}\frac{B_{\mathrm{I}}}{2}U_{\mathrm{N}}^2$$

$$\dot{S}'_b = \dot{S}_{lb} - \mathrm{j}\Delta Q_b = \dot{S}_{lb} - \mathrm{j}\frac{B_b}{2}U_{\mathrm{N}}^2$$

$$\dot{S}'_c = \dot{S}_{lc} - \mathrm{j}\Delta Q_c = \dot{S}_{lc} - \mathrm{j}\frac{B_c}{2}U_{\mathrm{N}}^2$$

进而从第 I 段线路开始，计算阻抗上的功率损耗以及由 b 点送出的负荷为

$$\Delta \dot{S}_{\mathrm{I}} = \left(\frac{S'_a}{U_{\mathrm{N}}}\right)^2 (R_{\mathrm{I}} + \mathrm{j}X_{\mathrm{I}})$$

$$\dot{S}_b = \dot{S}'_a + \dot{S}'_b + \Delta\dot{S}_{\mathrm{I}}$$

求第 II 段线路阻抗上的功率损耗及 c 点送出的负荷为

$$\Delta \dot{S}_{\mathrm{II}} = \left(\frac{S_b}{U_{\mathrm{N}}}\right)^2 (R_{\mathrm{II}} + \mathrm{j}X_{\mathrm{II}})$$

$$\dot{S}_c = \dot{S}_b + \dot{S}'_c + \Delta\dot{S}_{\mathrm{II}}$$

求第 III 段线路阻抗上的功率损耗及由 d 点送出去的负荷为

$$\Delta \dot{S}_{\mathrm{III}} = \left(\frac{S_c}{U_{\mathrm{N}}}\right)^2 (R_{\mathrm{III}} + \mathrm{j}X_{\mathrm{III}})$$

$$\dot{S}_d = \dot{S}_c + \Delta\dot{S}_{\mathrm{III}}$$

d 点的负荷应是 d 点送出的负荷与线路 III 首端电纳中功率损耗之和，即

$$\dot{S}_{d\sum} = \dot{S}_d - \mathrm{j}\Delta Q_{\mathrm{III}} = \dot{S}_d - \mathrm{j}\frac{B_{\mathrm{III}}}{2}U_d^2$$

很明显，上述计算中因忽略了线路中的电压降，各负荷点的电压采用了额定电压，计算
出的网络功率损耗是近似值。

最后，以 U_d 为参考电压，由线路 III 开始逐段计算线路电压降，并求出 c、b、a 各点电
压。如线路 III 的电压降为

$$\Delta \dot{U}_{\mathrm{III}} = \left(\frac{\dot{S}_d}{\dot{U}_d}\right)^* (R_{\mathrm{III}} + \mathrm{j}X_{\mathrm{III}})$$

$$= \frac{P_d R_{\mathrm{III}} + Q_d X_{\mathrm{III}}}{U_d} + \mathrm{j}\frac{P_d X_{\mathrm{III}} - Q_d R_{\mathrm{III}}}{U_d}$$

$$= \Delta U_{\mathrm{III}} + \mathrm{j}\delta U_{\mathrm{III}}$$

而 c 点电压为

$$\dot{U}_c = \dot{U}_d - \Delta \dot{U}_{\text{Ⅲ}}$$

或近似表示为

$$U_c = U_d - \Delta U_{\text{Ⅲ}} + \frac{(\delta U_{\text{Ⅲ}})^2}{2U_d}$$

类似地可以求得其余点的电压，因为已知道了各点电压有效值，故任意两点间线路电压损耗不难求出。计算结果表明，d、a 间的电压损耗最大。

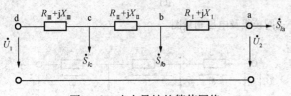

图 4-8 略去导纳的等值网络

当电力网电压在 35kV 及以下时，可将线路电纳略去不计。此时电力网的等值电路可以用图 4-8 表示。各线路中的负荷功率为

$$\dot{S}_{\text{Ⅰ}} = \dot{S}_{la}$$
$$\dot{S}_{\text{Ⅱ}} = \dot{S}_{la} + \dot{S}_{lb}$$
$$\dot{S}_{\text{Ⅲ}} = \dot{S}_{la} + \dot{S}_{lb} + \dot{S}_{lc}$$

各段线路的功率损耗为

$$\Delta \dot{S}_i = \left(\frac{S_i}{U_N} \right)^2 (R_i + jX_i) \tag{4-35}$$

式中　i——各段线路编号。

各段线路电压降的纵分量为

$$\Delta U_i = \frac{P_i R_i + Q_i X_i}{U_N} \tag{4-36}$$

式中：下标 i 同样代表线路的编号。

略去电压降的横分量后，电压降的纵分量即是各段线路的电压损耗，由于计算各段线路电压降的纵分量时均以线路的额定电压 U_N 代入，因而各段线路电压损耗可以代数求和，所以 d~a 间的最大电压损耗为

$$\Delta U_{da} = \Delta U_{\text{Ⅰ}} + \Delta U_{\text{Ⅱ}} + \Delta U_{\text{Ⅲ}} = \frac{\sum_{i=\text{Ⅰ}}^{\text{Ⅲ}} (P_i R_i + Q_i X_i)}{U_N} \tag{4-37}$$

故末端 a 点的电压为

$$U_a = U_d - \Delta U_{da} \tag{4-38}$$

以上的计算方法可以推广到有 n 段线路和 n 个集中负荷的开式网。对于像图 4-9 所示的有分支线路的同一电压等级开式网，同样可根据网络的已知条件，用前述的方法计算。

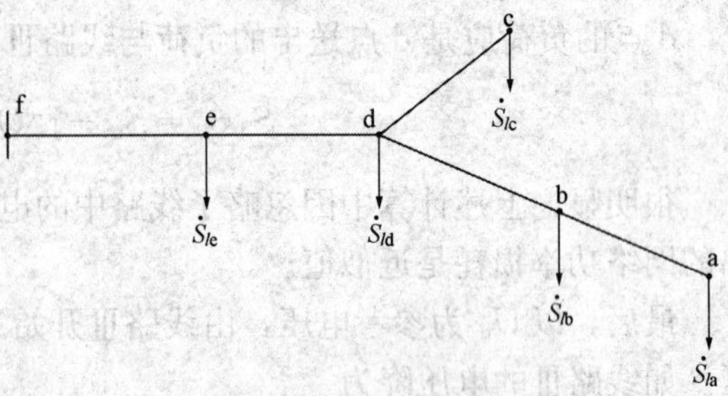

图 4-9 有分支的开式网

【例 4-1】　无分支开式网如图 4-10（a）所示。共有三段线路，三个负荷。导线的型号，各段线路长度以及各个负荷值均标注在图上。三相导线水平架设，相邻两导线间的距离为 4m，线路额定电压为 110kV，电力网首端电压为 118kV。求运行中各母线电压及各段线路的功率损耗。

解　（1）根据已知条件，查表求得各段线路参数：

线路 1 $R_1 = r_{11}l_1 = 0.17 \times 40 = 6.8$（Ω）

$X_1 = x_{11}l_1 = 0.409 \times 40 = 16.36$（Ω）

$B_1 = b_{11}l_1 = 2.82 \times 10^{-6} \times 40 = 1.13 \times 10^{-4}$（S）

线路 2 $R_2 = r_{12}l_2 = 0.21 \times 30 = 6.3$（Ω）

$X_2 = x_{12}l_2 = 0.416 \times 30 = 12.48$（Ω）

$B_2 = b_{12}l_2 = 2.73 \times 10^{-6} \times 30 = 0.82 \times 10^{-4}$（S）

线路 3 $R_3 = r_{13}l_3 = 0.46 \times 30 = 13.8$（Ω）

$X_3 = x_{13}l_3 = 0.44 \times 30 = 13.2$（Ω）

$B_3 = b_{13}l_3 = 2.58 \times 10^{-6} \times 30 = 0.77 \times 10^{-4}$（S）

根据求出的参数可将开式网作成图 4 - 10（b）所示的等值电路。

（2）计算线路首端的总功率：

由于 a、b、c 各点电压未知，首先假设它们的电压等于额定电压 U_N，然后从末端起计算各段线路中的功率损耗，并推算首端总功率。

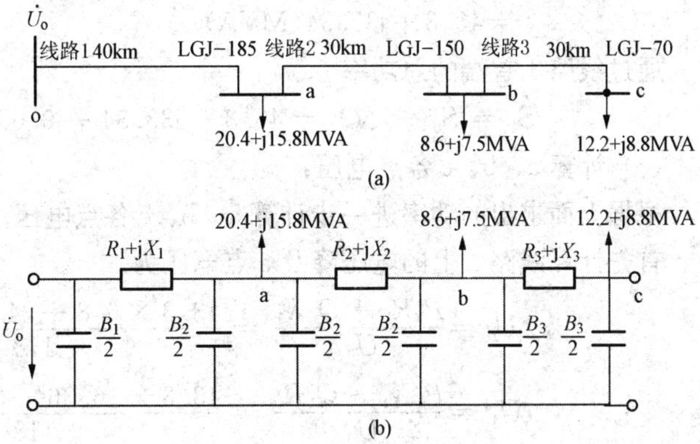

线路 3 末端的电纳中的无功功率为

$$\Delta Q_c = \frac{B_3}{2}U_N^2 = 0.5 \times 0.77 \times 10^{-4} \times 110^2 = 0.47(\text{Mvar})$$

图 4 - 10 无分支的开式网

线路 3 末端的负荷为

$$\dot{S}_c = \dot{S}_{lc} - j\Delta Q_c = 12.2 + j8.8 - j0.47 = 12.2 + j8.33 \text{（MVA）}$$

计算线路 3 阻抗中的功率损耗为

$$\Delta P_3 = \frac{P_c^2 + Q_c^2}{U_N^2}R_3 = \frac{(12.2)^2 + (8.33)^2}{110^2} \times 13.8 = 0.25 \text{（MW）}$$

$$\Delta Q_3 = \frac{P_c^2 + Q_c^2}{U_N^2}X_3 = \frac{(12.2)^2 + (8.33)^2}{110^2} \times 13.2 = 0.24 \text{（Mvar）}$$

计算线路 2 末端电纳中的无功功率为

$$\Delta Q_b = \frac{B_2}{2}U_N^2 = 0.5 \times 0.82 \times 10^{-4} \times 110^2 = 0.5 \text{（Mvar）}$$

求 b 点的总负荷为

$$\dot{S}_b = \dot{S}_c + \dot{S}_{lb} + \Delta P_3 + j\Delta Q_3 - j\Delta Q_c - j\Delta Q_b$$

$$= 12.2 + j8.33 + 8.6 + j7.5 + 0.25 + j0.24 - j0.47 - j0.5$$

$$= 21.05 + j15.1 \text{（MVA）}$$

计算线路 2 阻抗中的功率损耗为

$$\Delta P_2 = \frac{(21.05)^2 + (15.1)^2}{110^2} \times 6.3 = 0.35 \text{（MW）}$$

$$\Delta Q_2 = \frac{(21.05)^2 + (15.1)^2}{110^2} \times 12.48 = 0.69 \text{（Mvar）}$$

求线路 1 末端电纳中的无功功率为

$$\Delta Q_a = \frac{B_1}{2}U_N^2 = 0.5 \times 1.13 \times 10^{-4} \times 110^2 = 0.68 \text{（Mvar）}$$

a 点总功率为

$$\dot{S}_a = \dot{S}_b + \dot{S}_{la} + \Delta P_2 + j\Delta Q_2 - j\Delta Q_b - j\Delta Q_a = 21.05 + j15.1 + 20.4 + j15.8$$
$$+ 0.35 + j0.69 - j0.68 - j0.5 = 41.8 + j30.41 \ (\text{MVA})$$

计算线路 1 阻抗中的功率损耗为

$$\Delta P_1 = \frac{(41.8)^2 + (30.41)^2}{110^2} \times 6.8 = 1.5 \ (\text{MW})$$

$$\Delta Q_1 = \frac{(41.8)^2 + (30.41)^2}{110^2} \times 16.36 = 3.60 \ (\text{Mvar})$$

最后可以求出由 o 点送出的总功率为

$$\dot{S}_o = \dot{S}_a + \Delta P_1 + j\Delta Q_1 - j\Delta Q_a = 41.8 + j30.41 + 1.5 + j3.61 - j0.68$$
$$= 43.3 + j33.34 (\text{MVA})$$

通过线路 1 首端的总功率

$$\dot{S}_1 = \dot{S}_o - j\Delta Q_a = 43.3 + j33.34 + j0.68 = 43.3 + j34.02 \ (\text{MVA})$$

（3）计算 a、b、c 各点电压：

根据上面求出的功率进一步计算 a、b、c 各点电压。

首先计算线路 1 上的电压降及 a 点电压为

$$\Delta U_1 = \frac{P_1 R_1 + Q_1 X_1}{U_0} = \frac{43.3 \times 6.8 + 34.02 \times 16.36}{118} = 7.21 \ (\text{kV})$$

$$\delta U_1 = \frac{P_1 X_1 - Q_1 R_1}{U_0} = \frac{43.3 \times 16.36 - 34.02 \times 6.8}{118} = 4.04 \ (\text{kV})$$

故 a 点电压有效值为

$$U_a = U_0 - \Delta U_1 + \frac{(\delta U)^2}{2U_0} = 118 - 7.21 + \frac{4.04^2}{2 \times 118} = 110.86 \ (\text{kV})$$

用更近似的方法计算该电压为

$$U_a = U_0 - \Delta U_1 = 118 - 7.21 = 110.79(\text{kV})$$

两种计算方法仅差 0.06%，因而用后者计算将更简单。

计算 b 点的电压，首先计算通过线路 2 首端的功率为

$$\dot{S}_2 = \dot{S}_b + \Delta P_2 + j\Delta Q_2 = 21.05 + j15.1 + 0.35 + j0.69 = 21.4 + j15.79 \ (\text{MVA})$$

故 b 点的电压为

$$U_b = U_a - \Delta U_2 = U_a - \frac{P_2 R_2 + Q_2 X_2}{U_a} = 110.79 - \frac{21.4 \times 6.3 + 15.79 \times 12.48}{110.79} = 107.79 \ (\text{kV})$$

计算 c 点的电压，首先计算通过线路 3 首端的功率为

$$\dot{S}_3 = \dot{S}_c + \Delta P_3 + j\Delta Q_3 = 12.2 + j8.33 + 0.25 + j0.24 = 12.45 + j8.57 \ (\text{MVA})$$

故 c 点电压为

$$U_c = U_b - \frac{P_3 R_3 + Q_3 X_3}{U_b} = 107.79 - \frac{12.45 \times 13.8 + 8.57 \times 13.2}{107.79} = 105.15 \ (\text{kV})$$

这一计算开始设 a、b、c 各点电压为 U_N，因此所得的功率损耗和各点电压是近似值，实践表明，这样的近似计算足以适合工程的需要。

（二）不同电压等级开式网计算

图 4-11 所示是一个两级电压开式网。降压变压器实际变比为 K，变压器的阻抗及导纳习惯上均归算到一次侧（升压变压器则归算到二次侧）。末端的负荷已知为 $\dot{S}_l$。这种电力网

计算的特殊性在于变压器的表示方式，一旦变压器的表示方式确定之后，即可制订电力网的等值网络，并根据已知条件，按计算同一电压等级电力网的类似方法进行计算。

变压器有两种表示方式。第一种是用折算后的阻抗与具有变比为 k 的理想变压器串联等值电路表示变压器时，此时开式网的等值电路如图 4 - 11（b）所示。第二种是将变压器只用折算后的阻抗表示，这时需要把二次侧（或一次侧）线路的参数按变比 k 折算到一次侧（或二次侧），这种方法表示的开式网等值电路如图 4 - 11（c）所示。参数的归算按以下关系进行

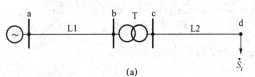

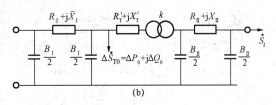

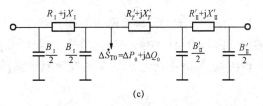

$$R_2' = k^2 R_1 \quad (或\ R_2' = \frac{1}{k^2} R_2)$$

$$X_2' = k^2 X_1 \quad (或\ X_2' = \frac{1}{k^2} X_2)$$

$$B_2' = \frac{1}{k^2} B_1 \quad (或\ B_1' = k^2 B_2)$$

图 4 - 11　不同电压等级的开式网
（a）开式网接线图；（b）采用理想变压器表示的等值电路；
（c）用折算后的阻抗表示的等值电路

如已知电力网首端电压 U_a，欲求 b、c、d 各点电压及网络中的功率损耗，同样可设上述各点电压等于电力网的额定电压，然后以此电压由末端起推算出各段线路的功率损耗以及通过各段线路首端的功率，再由首端起逐段求出各点电压。但是在计算中需要注意：第一种方法表示变压器，由于变压器等值电路两侧的电压不同，经过变压器时要进行归算，但功率通过变压器时不变化。用第二种方法表示变压器，由于已将二次侧（或一次侧）参数做了归算。开始按一次侧（或二次侧）额定电压计算，计算的最后结果需用变比 k 进行相反的归算以便还原成实际电压。

三、两端供电网计算

若电力网中仅有两个电源同时从两侧向网内供电，就构成了两端供电的电力网，简称两端供电网。图 4 - 12（a）所示为一简单的两端供电网，具有三段线路，两个集中负荷 $\dot{S}_{l1}$、$\dot{S}_{l2}$，两侧电源电压分别为 $\dot{U}_A$、$\dot{U}_A'$。为便于分析，略去线路的导纳，其等值电路如图 4 - 12（b）所示。

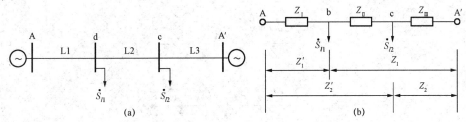

图 4 - 12　两端供电网
（a）电网接线；（b）等值网络

设集中负荷以电流 $\dot{I}_{l1}$、$\dot{I}_{l2}$ 表示，如线路 I 的电流为 $\dot{I}_I$，线路 II、III 中的电流分别是

$$\dot{I}_{\text{II}} = \dot{I}_{\text{I}} - \dot{I}_{l1}$$

$$\dot{I}_{\text{III}} = \dot{I}_{\text{II}} - \dot{I}_{l2} = \dot{I}_{\text{I}} - \dot{I}_{l1} - \dot{I}_{l2}$$

根据基尔霍夫第二定律可以写出等值网络的电压方程为

$$\dot{U}_{\text{A}\varphi} - \dot{U}'_{\text{A}\varphi} = Z_{\text{I}}\dot{I}_{\text{I}} + Z_{\text{II}}(\dot{I}_{\text{I}} - \dot{I}_{l1}) + Z_{\text{III}}(\dot{I}_{\text{I}} - \dot{I}_{l1} - \dot{I}_{l2})$$

由此式推出线路 I 中的电流为

$$\dot{I}_{\text{I}} = \frac{\dot{I}_{l1}(Z_{\text{II}} + Z_{\text{III}}) + \dot{I}_{l2}Z_{\text{III}}}{Z_{\text{I}} + Z_{\text{II}} + Z_{\text{III}}} + \frac{\dot{U}_{\text{A}\varphi} - \dot{U}'_{\text{A}\varphi}}{Z_{\text{I}} + Z_{\text{II}} + Z_{\text{III}}}$$

如果忽略线路中的功率损耗，并设网络中各点电压均为额定电压 $\dot{U}_{\text{N}\varphi}$，将上式取共轭后与 $\dot{U}_{\text{N}\varphi}$ 相乘，考虑到线电压 $\dot{U}_{\text{A}}$ 比相电压 $\dot{U}_{\text{A}\varphi}$ 数值大 $\sqrt{3}$ 倍，相位超前 30°，再把单相功率乘以 3 倍，即可得到由电源 A 送入两端网的功率为

$$\dot{S}_{\text{I}} = \frac{\dot{S}_{l1}(\overset{*}{Z}_{\text{II}} + \overset{*}{Z}_{\text{III}}) + \dot{S}_{l2}\overset{*}{Z}_{\text{III}}}{\overset{*}{Z}_{\text{I}} + \overset{*}{Z}_{\text{II}} + \overset{*}{Z}_{\text{III}}} + \frac{(\dot{U}_{\text{A}} - \dot{U}'_{\text{A}})\dot{U}_{\text{N}}}{\overset{*}{Z}_{\text{I}} + \overset{*}{Z}_{\text{II}} + \overset{*}{Z}_{\text{III}}} \tag{4-39}$$

该式等号右侧两分式的分母是两电源间各线路阻抗共轭值的代数和，可以用 $\overset{*}{Z}_{\Sigma}$ 表示。第一分式的分子由两项组成，第一项是负荷 $\dot{S}_{l1}$ 与所在点至电源 A′ 的线路阻抗共轭值的乘积。第二项是负荷 $\dot{S}_{l2}$ 与所在点至电源 A′ 的线路阻抗共轭值的乘积。若令（∗表示共轭）

$$\overset{*}{Z}_{1} = \overset{*}{Z}_{\text{II}} + \overset{*}{Z}_{\text{III}}$$

$$\overset{*}{Z}_{2} = \overset{*}{Z}_{\text{III}}$$

则式（4-39）可以表示成

$$\dot{S}_{\text{I}} = \frac{\sum_{i=1}^{2} \dot{S}_{li}\overset{*}{Z}_{i}}{\overset{*}{Z}_{\Sigma}} + \frac{(\dot{U}_{\text{A}} - \dot{U}'_{\text{A}})\dot{U}_{\text{N}}}{\overset{*}{Z}_{\Sigma}} \tag{4-40}$$

假定上述推导从 A′ 端出发，同样可以得到由电源 A′ 送入两端供电网的功率为

$$\dot{S}_{\text{III}} = \frac{\sum_{i=1}^{2} \dot{S}_{li}\overset{*}{Z}'_{i}}{\overset{*}{Z}_{\Sigma}} + \frac{(\dot{U}'_{\text{A}} - \dot{U}_{\text{A}})\dot{U}_{\text{N}}}{\overset{*}{Z}_{\Sigma}} \tag{4-41}$$

显然，由于求得了线路 I（或线路 III）中的功率，其它各段线路中的功率均可以求出

$$\dot{S}_{\text{II}} = \dot{S}_{\text{I}} - \dot{S}_{l1} \tag{4-42}$$

$$\dot{S}_{\text{III}} = \dot{S}_{\text{II}} - \dot{S}_{l2} \tag{4-43}$$

上述计算可以推广到两个电源之间有 $n+1$ 段线路、n 个负荷的情况，此时式（4-40）、式（4-41）变为

$$\dot{S}_{\text{I}} = \frac{\sum_{i=1}^{n} \dot{S}_{li}\overset{*}{Z}_{i}}{\overset{*}{Z}_{\Sigma}} + \frac{(\dot{U}_{\text{A}} - \dot{U}'_{\text{A}})\dot{U}_{\text{N}}}{\overset{*}{Z}_{\Sigma}} \tag{4-44}$$

$$\dot{S}_{n+\text{I}} = \frac{\sum_{i=1}^{n} \dot{S}_{li}\overset{*}{Z}'_{i}}{\overset{*}{Z}_{\Sigma}} + \frac{(\dot{U}'_{\text{A}} - \dot{U}_{\text{A}})\dot{U}_{\text{N}}}{\overset{*}{Z}_{\Sigma}} \tag{4-45}$$

$$\overset{*}{Z}_{\Sigma} = \sum_{j=1}^{n+1} \overset{*}{Z}_{j}$$

式（4-44）、式（4-45）均由两部分组成。第一部分为

$$\dot{S}_{lD} = \frac{\sum\limits_{i=1}^{n} \dot{S}_{li}\overset{*}{Z}_i}{\overset{*}{Z}_{\Sigma}} \qquad (4\text{-}46\text{a})$$

$$\dot{S}'_{lD} = \frac{\sum\limits_{i=1}^{n} \dot{S}_{li}\overset{*}{Z}'_i}{\overset{*}{Z}_{\Sigma}} \qquad (4\text{-}46\text{b})$$

是由集中负荷与线路参数决定的通过两端线路的功率。第二部分为

$$\dot{S}_{cu} = \frac{(\overset{*}{U}_A - \overset{*}{U}'_A)\dot{U}_N}{\overset{*}{Z}_{\Sigma}}$$

$$\dot{S}'_{cu} = \frac{(\overset{*}{U}'_A - \overset{*}{U}_A)\dot{U}_N}{\overset{*}{Z}_{\Sigma}}$$

其值取决于两端电源电压相量的差，且与线路总阻抗成反比，称为循环功率。无论从哪一端算起，循环功率的值大小相等，但是方向不同，可表示成

$$\dot{S}_{cu} = -\dot{S}'_{cu}$$

假定两端供电网中各段线路的电抗和电阻之比相等，即 $\dfrac{X_i}{R_i}$＝常数，则称为均一电力网。式（4-46a）可以做以下变换

$$\dot{S}_{lD} = \frac{\sum\limits_{i=1}^{n} \dot{S}_{li}(R_i - jX_i)}{R_{\Sigma} - jX_{\Sigma}} = \frac{\sum\limits_{i=1}^{n} \dot{S}_{li}R_i}{R_{\Sigma}} = \frac{\sum\limits_{i=1}^{n} \dot{S}_{li}X_i}{X_{\Sigma}} \qquad (4\text{-}47)$$

若均一网中各段线路的单位长度电阻相同，式（4-47）可以进一步简化

$$\dot{S}_{lD} = \frac{\sum\limits_{i=1}^{n} \dot{S}_{li}l_i}{l_{\Sigma}} \qquad (4\text{-}48)$$

式中　l——线路的长度。

　　在计算各段线路的功率分布时，如计算结果表明某节点的功率是由两侧电源分别供给时，称该节点为功率分点，并以符号▼标注在该节点的上方。有功功率的功率分点和无功功率的功率分点有可能不在同一个节点，此时要将这两种功率分点分别标注。有功功率分点仍以▼标注，无功功率分点则以符号▽标注。具体标注见图4-13。

　　上面求出的功率分布仅是不计线路功率损耗时的初步功率分布，需要求出线路中的功率损耗，进而求出各段线路首端的功率。

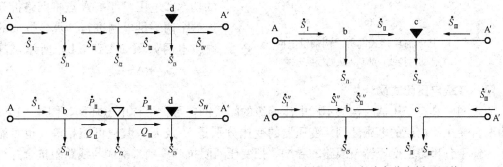

图4-13　功率分点表示图　　　　　　　　　图4-14　在功率分点拆开网络

设想将二端供电网从功率分点拆开（如图 4 - 14 所示），按开式网计算线路功率损耗。线路Ⅱ中的功率损耗为

$$\Delta P_{\mathrm{II}} = \left(\frac{S_{\mathrm{II}}}{U_{\mathrm{c}}}\right)^2 R_{\mathrm{II}}$$

$$\Delta Q_{\mathrm{II}} = \left(\frac{S_{\mathrm{II}}}{U_{\mathrm{c}}}\right)^2 X_{\mathrm{II}}$$

计算出线路Ⅱ首端功率

$$\dot{S}''_{\mathrm{II}} = \dot{S}_{\mathrm{II}} + \Delta P_{\mathrm{II}} + \mathrm{j}\Delta Q_{\mathrm{II}}$$

线路Ⅰ末端的功率

$$\dot{S}'_{\mathrm{I}} = \dot{S}''_{\mathrm{II}} + \dot{S}_{l1}$$

线路Ⅰ中的功率损耗

$$\Delta P_{\mathrm{I}} = \left(\frac{S'_{\mathrm{I}}}{U_{\mathrm{b}}}\right)^2 R_{\mathrm{I}}$$

$$\Delta Q_{\mathrm{I}} = \left(\frac{S'_{\mathrm{I}}}{U_{\mathrm{b}}}\right)^2 X_{\mathrm{I}}$$

线路Ⅰ首端功率则为

$$\dot{S}''_{\mathrm{I}} = \dot{S}'_{\mathrm{I}} + \Delta P_{\mathrm{I}} + \mathrm{j}\Delta Q_{\mathrm{I}}$$

同理可以对另一半网络进行计算，求出线路Ⅲ中的功率损耗及首端功率。

求功率损耗时，电力网中功率分点以及其它点的电压通常是未知的，故计算不能用实际电压，而近似代以线路的额定电压。这样计算的结果有误差，但数值不大，能满足工程要求。

计算循环功率时，由于电力网两端电源电压及额定电压的相位角未知，实际上各点电压的相位角差很小，故均以有效值代入进行计算。

两端供电网计算法，可用于计算简单的闭式电力网（简称闭式网），因为简单的闭式网往往经过一些简单的变换后可以转化成为两端供电网。例如在图 4 - 15（a）所示的闭式网当 A′侧发电机的发电功率指定为 $\dot{S}_{\mathrm{G}}$ 时，欲求网络中的功率和电压，可在 A 点将网络拆开变成一个两端供电网进行计算，拆成的两端供电网如图 4 - 15（b）所示，其中 $\dot{S}_{l2} = -\dot{S}_{\mathrm{G}} + \Delta S_{\mathrm{TA}'}$。

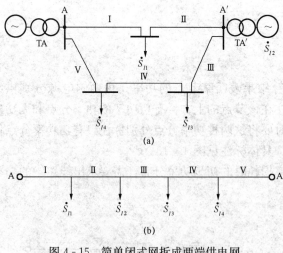

图 4 - 15　简单闭式网拆成两端供电网
（a）闭式网接线；（b）拆成两端供电网

四、多级电压闭式网计算

闭式网中具有变压器时构成不同电压等级的闭式网，习惯上称电磁环网。图 4 - 16（a）是由两台变压器构成的电磁环网。变压器的变比分别是 k_1 及 k_2，其值可能相等，也可能不等。为便于分析略去变压器及线路的导纳。把变压器阻抗归算到二次侧与线路阻抗合并可以形成图 4 - 16（b）所示的等值网络。将网络从电源点 A 处分开，把电源电压归算到变压器

二次侧可得到图 4 - 16（c）所示的两端供电网。在图 4 - 16（a）中变压器变比为 $k:1$ 时，变压器二次侧的电压为

$$\dot{U}_a = \frac{\dot{U}_A}{k_1}, \dot{U}'_a = \frac{\dot{U}_A}{k_2}$$

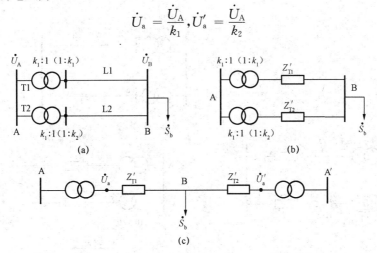

图 4 - 16　简单电磁环网
(a) 电网接线图；(b) 等值网络；(c) 两端供电网

当图 4 - 16（a）中变压器的变比为 $1:k$ 时，变压器二次侧的电压为
$$\dot{U}_a = k_1 \dot{U}_A, \dot{U}'_a = k_2 \dot{U}_A$$
因此可套用公式（4 - 44）及式（4 - 45）计算其功率分布。当变比 $k_1 \neq k_2$ 时，两端电压 $\dot{U}_a \neq \dot{U}'_a$。当变比为 $k:1$ 时，产生的电压降落可以用下式计算
$$\Delta \dot{E} = \dot{U}_a - \dot{U}'_a = \dot{U}_A \left(\frac{1}{k_1} - \frac{1}{k_2} \right) \tag{4 - 49}$$
当变比为 $1:k$ 时，产生的电压降落可以用下式计算
$$\Delta \dot{E} = \dot{U}_a - \dot{U}'_a = \dot{U}_A (k_1 - k_2) \tag{4 - 50}$$
该电动势称为环路电动势。如图 4 - 17（a）所示，该电动势恰好等于环路空载时有归算阻抗一侧断口处的电压，当变比为 $k:1$ 时，有
$$\Delta \dot{U}_i = \dot{U}_i - \dot{U}'_i = \dot{U}_A \left(\frac{1}{k_1} - \frac{1}{k_2} \right)$$
当变比为 $1:k$ 时，有
$$\Delta \dot{U}_i = \dot{U}_i - \dot{U}'_i = \dot{U}_A (k_1 - k_2)$$
故可以用图 4 - 17（b）的等值网络表示。

环路电动势引起的循环功率，当变比为 $k:1$ 时，有
$$\dot{S}_{cu} = \frac{(\dot{U}_i - \dot{U}'_i)\dot{U}_N}{\overset{*}{Z}'_{T\Sigma}} = \frac{\Delta \overset{*}{E}\dot{U}_N}{\overset{*}{Z}'_{T\Sigma}} = \frac{\dot{U}_N \dot{U}_A}{\overset{*}{Z}'_{T\Sigma}} \left(\frac{1}{k_1} - \frac{1}{k_2} \right) \tag{4 - 51}$$
当变比为 $1:k$ 时，有
$$\dot{S}_{cu} = \frac{\dot{U}_N \dot{U}'_A}{\overset{*}{Z}'_{T\Sigma}} (k_1 - k_2) \tag{4 - 52}$$
其方向与环路电动势一致。

如变压器用 Π 形等值网络表示，可以直接利用两端供电网的公式计算。

无论是含有变压器的多级电压复杂电力网还是不含有变压器的同一电压等级的复杂电力

网其计算都是十分繁琐和困难的。为了获得可靠的计算结果必须用计算机计算。计算机算法将在下一节讨论。

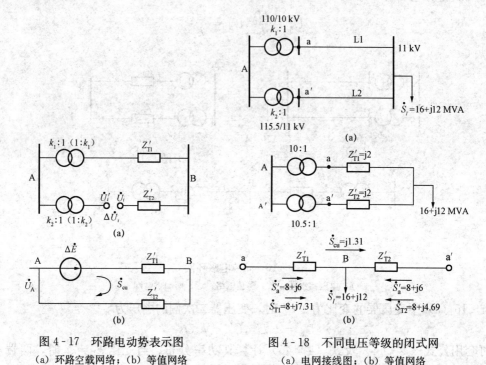

图 4-17　环路电动势表示图
(a) 环路空载网络；(b) 等值网络

图 4-18　不同电压等级的闭式网
(a) 电网接线图；(b) 等值网络

【例 4-2】　图 4-18 为两台变压器经两条线路向负荷供电的两级压环网，变压器变比为 $k_1=110/11\mathrm{kV}$，$k_2=115.5/11\mathrm{kV}$，变压器归算到低压侧的阻抗与线路阻抗之和为 $Z_{T1}=Z_{T2}=j2\Omega$，导纳忽略不计。已知用户负荷为 $\dot{S}_l=16+j12\mathrm{MVA}$。低压母线电压为 10kV。求功率分布及高压侧电压。

解　设变压器变比相同时，求功率分布

$$\dot{S}_a'=\frac{\overset{*}{Z}_{T2}'\dot{S}_l}{\overset{*}{Z}_{T2}+\overset{*}{Z}_{T1}}=\frac{-j2}{-j2-j2}(16+j12)=8+j6(\mathrm{MVA})$$

同理可得

$$\dot{S}_{a'}'=8+j6\mathrm{MVA}$$

求循环功率，由于高压侧电压未知，近似以 U_{N1} 代替，且考虑到是归算到低压侧，有

$$\dot{S}_{cu}=\frac{U_{N2}U_{N1}\left(\frac{1}{k_1}-\frac{1}{k_2}\right)}{\overset{*}{Z}_{T1}+\overset{*}{Z}_{T2}}=\frac{10\times110\times\left(\frac{1}{10}-\frac{1}{10.5}\right)}{-j2-j2}=j1.31(\mathrm{MVA})$$

实际功率分布

$$\dot{S}_{T1}=\dot{S}_a'+\dot{S}_{cu}=8+j6+j1.31=8+j7.31(\mathrm{MVA})$$
$$\dot{S}_{T2}=\dot{S}_a'-\dot{S}_{cu}=8+j6-j1.31=8+j4.69(\mathrm{MVA})$$

计算电压损耗

$$\Delta U_{AB}=\frac{Q_{T1}X_{T1}}{U_{N1}}=\frac{7.31\times2}{10}=1.46(\mathrm{kV})$$

归算到低压侧的电源电压应是

$$U_a = U_B + \Delta U_{AB} = 10 + 1.46 = 11.46 (\text{kV})$$

高压侧实际电压

$$U_A = k_1 U_a = 11.46 \times 10 = 114.6 (\text{kV})$$

功率损耗

$$\Delta Q_{T1} = \frac{P_{T1}^2 + Q_{T1}^2}{U_N^2} X_{T1} = \frac{8^2 + 7.31^2}{10^2} \times \text{j}2 = \text{j}2.35 (\text{Mvar})$$

$$\Delta Q_{T2} = \frac{P_{T2}^2 + Q_{T2}^2}{U_N^2} X_{T2} = \frac{8^2 + 4.69^2}{10^2} \times \text{j}2 = \text{j}1.72 (\text{Mvar})$$

电源总功率为

$$\dot{S}_{A\Sigma} = \dot{S}_l + \Delta Q_{T1} + \Delta Q_{T2} = 16 + \text{j}12 + \text{j}2.35 + \text{j}1.72$$
$$= 16 + \text{j}16.07 (\text{MVA})$$

第二节 复杂电力系统潮流的计算机算法

通过上几节的分析可以看到,手工计算简单电力网的潮流已经使人感到繁琐和费时。实际电力网的结构均十分复杂,手工计算不仅耗费大量的人工和时间,并且极易产生计算差错,不能适应电力工程的各项工作的要求。电力计算机运算速度快,结果精度高,既能做离线计算,也能在线计算,有助于提高电力系统的运行、设计、科研水平。

用计算机计算电力系统潮流,首要的一步是建立电力网的数学模型,即拟订等值网络,建立网络方程;其次是寻找并确定一种适合于计算机计算的解网络方程的方法;最后是根据确定的计算方法编制计算程序上机计算。为了使计算简便,计算过程中通常都采用标幺制。

一、电力网功率方程

(一) 节点方程

从电路基本理论知道,网络的计算可以用节点电压法,也可用回路电流法,两种方法计算结果相同。

利用节点电压法时,对图 4 - 19 所示的等值网络,可写出下面的节点方程

$$\left.\begin{aligned}
\dot{I}_1 &= \dot{U}_1 y_{10} + (\dot{U}_1 - \dot{U}_2) y_{12} + (\dot{U}_1 - \dot{U}_3) y_{13} \\
\dot{I}_2 &= \dot{U}_2 y_{20} + (\dot{U}_2 - \dot{U}_1) y_{12} + (\dot{U}_2 - \dot{U}_3) y_{23} \\
\dot{I}_3 &= \dot{U}_3 y_{30} + (\dot{U}_3 - \dot{U}_1) y_{13} + (\dot{U}_3 - \dot{U}_2) y_{23}
\end{aligned}\right\}$$

$$(4 - 53)$$

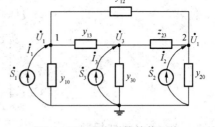

图 4 - 19 电力系统等值网络

若令

$$\left.\begin{aligned}
Y_{11} &= y_{10} + y_{12} + y_{13} \\
Y_{22} &= y_{20} + y_{12} + y_{23} \\
Y_{33} &= y_{30} + y_{13} + y_{23}
\end{aligned}\right\} \qquad (4 - 54)$$

$$\left.\begin{aligned}
Y_{12} &= Y_{21} = - y_{12} \\
Y_{13} &= Y_{31} = - y_{13} \\
Y_{23} &= Y_{32} = - y_{23}
\end{aligned}\right\} \qquad (4 - 55)$$

将式（4-54）、式（4-55）的关系用于式（4-53），并重新整理后，图4-19网络的节点方程可以改写成为

$$\left.\begin{array}{l}\dot{I}_1 = Y_{11}\dot{U}_1 + Y_{12}\dot{U}_2 + Y_{13}\dot{U}_3 \\ \dot{I}_2 = Y_{21}\dot{U}_1 + Y_{22}\dot{U}_2 + Y_{23}\dot{U}_3 \\ \dot{I}_3 = Y_{31}\dot{U}_1 + Y_{32}\dot{U}_2 + Y_{33}\dot{U}_3\end{array}\right\} \tag{4-56}$$

（二）基本网络方程

式（4-53）所示的三节点系统的节点方程可以推广到有 n 个节点的系统，此时方程改为

$$\left.\begin{array}{l}\dot{I}_1 = Y_{11}\dot{U}_1 + Y_{12}\dot{U}_2 + Y_{13}\dot{U}_3 + \cdots + Y_{1n}\dot{U}_n \\ \dot{I}_2 = Y_{21}\dot{U}_1 + Y_{22}\dot{U}_2 + Y_{23}\dot{U}_3 + \cdots + Y_{2n}\dot{U}_n \\ \cdots\cdots \\ \dot{I}_n = Y_{n1}\dot{U}_1 + Y_{n2}\dot{U}_2 + Y_{n3}\dot{U}_3 + \cdots + Y_{nn}\dot{U}_n\end{array}\right\} \tag{4-57}$$

上式写成通式后的形式是

$$\dot{I}_i = \sum_{j=1}^{n} Y_{ij}\dot{U}_j \tag{4-58}$$

式中 i——节点号，$i=1,2,3,\cdots,n$。

式（4-57）还可用矩阵形式表示成

$$\begin{bmatrix}\dot{I}_1 \\ \dot{I}_2 \\ \vdots \\ \dot{I}_n\end{bmatrix} = \begin{bmatrix}Y_{11} & Y_{12} & Y_{13} & \cdots & Y_{1n} \\ Y_{21} & Y_{22} & Y_{23} & \cdots & Y_{2n} \\ \vdots & \vdots & \vdots & \cdots & \vdots \\ Y_{n1} & Y_{n2} & Y_{n3} & \cdots & Y_{nn}\end{bmatrix}\begin{bmatrix}\dot{U}_1 \\ \dot{U}_2 \\ \vdots \\ \dot{U}_n\end{bmatrix} \tag{4-59}$$

其简化形式为

$$\dot{I} = Y\dot{U}$$
$$\dot{I} = [\dot{I}_1 \quad \dot{I}_2 \quad \cdots \quad \dot{I}_n]^\mathrm{T}$$
$$\dot{U} = [\dot{U}_1 \quad \dot{U}_2 \quad \cdots \quad \dot{U}_n]^\mathrm{T}$$
$$Y = \begin{bmatrix}Y_{11} & Y_{12} & Y_{13} & \cdots & Y_{1n} \\ Y_{21} & Y_{22} & Y_{23} & \cdots & Y_{2n} \\ \vdots & \vdots & \vdots & \cdots & \vdots \\ Y_{n1} & Y_{n2} & Y_{n3} & \cdots & Y_{nn}\end{bmatrix}$$

式中 $\dot{I}$——电流列相量；

$\dot{U}$——电压列相量；

Y——导纳矩阵。

（三）导纳矩阵

由式（4-59）看出，有 n 个节点的电力系统导纳矩阵是一个 n 阶矩阵，矩阵中主对角线上的元素 Y_{ii} 具有两个相同的下标，称为节点 i 的自导纳，也称输入导纳，物理概念上它相当于在等值网络的第 i 个节点与地之间加上单位电压，而将其余节点全部接地时由节点 i 流入网络的电流，用数学式子表示为

$$Y_{ii} = \left[\frac{\dot{I}_i}{\dot{U}_i}\right]_{(\dot{U}_j=0,\,j\neq i)}$$

实质上自导纳 Y_{ii} 就是在 $j\neq i$ 的各节点全接地时，i 节点的所有对地导纳之和，即

$$Y_{ii} = y_{i0} + \sum_{\substack{j=1 \\ j\neq i}}^{n} y_{ij} \tag{4-60}$$

式中　y_{i0}——i 节点的对地导纳；

　　　y_{ij}——节点 i 与节点 j 之间的线路导纳，系统中的节点由于总是有线路与其他节点相连接，所以自导纳 $Y_{ij}\neq 0$。

导纳矩阵中的非对角线元素 Y_{ij} 称为互导纳，它的物理意义是在节点 j 施加单位电压，其他节点全部接地时，经节点 i 注入网络的电流，其数学表示式为

$$Y_{ij} = \left[\frac{\dot{I}_i}{\dot{U}_j}\right]_{(\dot{U}_i=0,\,j\neq i)}$$

实际上互导纳等于节点 i 和节点 j 之间的支路导纳的负值，即

$$Y_{ij} = Y_{ji} = -y_{ij} \tag{4-61}$$

电力系统中许多节点之间有线路连接，也有许多节点之间无线路连接，因而 Y_{ij} 很多为零，故导纳矩阵中有很多元素的值为零，这样的矩阵称为稀疏矩阵。由于导纳矩阵中非对角线元素有式（4-61）的关系，所以又是一个对称矩阵。按式（4-60）、式（4-61）求出导纳矩阵的各元素后就可形成导纳矩阵。

（四）功率方程

常规潮流计算的目的是在已知电力网参数和各节点注入量的条件下，求解各节点电压和支路中的功率。在实际工程中，节点注入量不是电流，而是节点功率，因此节点电压方程要进行修改为

$$\dot{I}_i = \frac{P_i - jQ_i}{\overset{*}{U}_i} \qquad (i=1,2,\cdots,n)$$

$$\frac{P_i - jQ_i}{\overset{*}{U}_i} = \sum_{j=1}^{n} Y_{ij}\overset{*}{U}_j \qquad (i=1,2,\cdots,n) \tag{4-62}$$

$$P_i = P_{Gi} - P_{li}$$

$$Q_i = Q_{Gi} - Q_{li}$$

式中　P_{Gi}、Q_{Gi}——分别为节点电源发出的有功、无功功率；

　　　P_{li}、Q_{li}——分别为节点负荷吸收的有功、无功功率。

上式为电压的非线性隐函数，无法直接求解，必须通过一定的算法求近似解。为了避免复杂的复数运算，可以采用将式（4-62）展开成以下两种实数形式的方程组：

（1）直角坐标形式：

将公式（4-62）中的电压和导纳写成直角坐标形式 $\dot{U}_i = e_i + jf_i$，$Y_{ij} = G_{ij} + jB_{ij}$，可得到以下实数方程

$$\left.\begin{aligned} P_i &= e_i\sum_{j\in i}(G_{ij}e_j - B_{ij}f_j) + f_i\sum_{j\in i}(G_{ij}f_j + B_{ij}e_j) \\ Q_i &= f_i\sum_{j\in i}(G_{ij}e_j - B_{ij}f_j) - e_i\sum_{j\in i}(G_{ij}f_j + B_{ij}e_j) \end{aligned}\right\} \tag{4-63}$$

式中　i——各节点的编号，$i=1$，2，$\cdots$，n。

（2）极坐标形式：

将公式（4 - 62）中的电压写成极坐标形式 $\dot{U}_i = U_i\cos\delta_i + \mathrm{j}U_i\sin\delta_j$，导纳写成直角坐标形式 $Y_{ij} = G_{ij} + \mathrm{j}B_{ij}$，可得到以下实数方程

$$
\left.\begin{aligned}
P_i &= U_i\sum_{j\in i}U_j(G_{ij}\cos\delta_{ij} + B_{ij}\sin\delta_{ij})\\
Q_i &= U_i\sum_{j\in i}U_j(G_{ij}\sin\delta_{ij} - B_{ij}\cos\delta_{ij})
\end{aligned}\right\}
\tag{4 - 64}
$$

式中　δ_{ij}——i 节点电压与 j 节点电压的相角差，$\delta_{ij}=\delta_i-\delta_j$；

　　i——各节点的编号，$i=1$，2，$\cdots$，n。

【例 4 - 3】　简单系统如图 4 - 20 所示，共有 4 个节点，已知网络中各支路的参数及变压器变比：$z_{12}=0.1+\mathrm{j}0.41$，$z_{13}=\mathrm{j}0.3$，$z_{14}=0.12+\mathrm{j}0.5$，$z_{24}=0.08+\mathrm{j}0.40$，$y_{10,4}=y_{40,1}=\mathrm{j}0.0192$，$y_{10,2}=y_{20,1}=\mathrm{j}0.01528$，$y_{20,4}=y_{40,2}=\mathrm{j}0.01413$，$k=1.1$；已知各节点功率：$\dot{S}_1=-0.30-\mathrm{j}0.18$，$\dot{S}_2=-0.55-\mathrm{j}0.13$，$\dot{S}_3=0.5$。试列写该系统直角坐标系下节点 1 和节点 2 的功率方程组。

解　（1）根据变压器 Π 形等值电路，得到系统等值网络如图 4 - 21 所示。

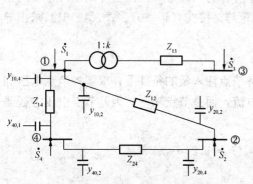
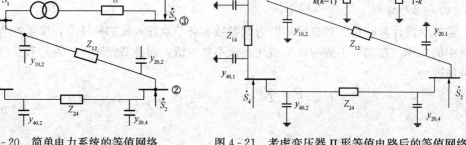

图 4 - 20　简单电力系统的等值网络　　　图 4 - 21　考虑变压器 Π 形等值电路后的等值网络

（2）根据电路理论知识，求解导纳阵各元素：

各节点自导纳为

$$Y_{11} = \frac{1}{z_{12}} + \frac{k}{z_{13}} + \frac{1}{z_{14}} + y_{10,2} + y_{10,4} + \frac{k(k-1)}{z_{13}} = 1.015340 - \mathrm{j}8.192005$$

$$Y_{22} = \frac{1}{z_{12}} + \frac{1}{z_{24}} + y_{20,1} + y_{20,4} = 1.042252 - \mathrm{j}4.676514$$

$$Y_{33} = \frac{k}{z_{13}} + \frac{1-k}{z_{13}} = -\mathrm{j}3.33333$$

$$Y_{44} = \frac{1}{z_{14}} + \frac{1}{z_{24}} + y_{40,1} + y_{40,2} = 0.93463 - \mathrm{j}4.261590$$

各节点间的互导纳为

$$Y_{12} = Y_{21} = -\frac{1}{z_{12}} = -0.56148 + \mathrm{j}2.302077$$

$$Y_{13} = Y_{31} = -\frac{k}{z_{13}} = \mathrm{j}3.66667$$

$$Y_{14} = Y_{41} = -\frac{1}{z_{14}} = -0.453858 + j1.891074$$

$$Y_{23} = Y_{32} = 0$$

$$Y_{24} = Y_{42} = -\frac{1}{z_{24}} = -0.480769 + j2.403846$$

$$Y_{34} = Y_{43} = 0$$

（3）依据式（4-63）和式（4-64）列写节点功率方程组：

节点 1 有功功率方程

$$P_1 = e_1[(G_{11}e_1 - B_{11}f_1) + (G_{12}e_2 - B_{12}f_2) + (G_{13}e_3 - B_{13}f_3) + (G_{14}e_4 - B_{14}f_4)]$$
$$+ f_1[(G_{11}f_1 + B_{11}e_1) + (G_{12}f_2 + B_{12}e_2) + (G_{13}f_3 + B_{13}e_3) + (G_{14}f_4 + B_{14}e_4)]$$

将已知量代入，得到

$$-0.30 = e_1[(1.0421e_1 + 8.2429f_1) + (-0.5882e_2 - 2.3529f_2) + (0e_3 - 3.0303f_3)$$
$$+ (-0.4539e_4 - 1.8911f_4)] + f_1[(1.0421f_1 - 8.2429e_1) + (-0.5882f_2$$
$$+ 2.3529e_2) + (0f_3 + 3.0303e_3) + (-0.4539f_4 + 1.8911e_4)]$$

节点 1 无功功率方程

$$Q_1 = f_1[(G_{11}e_1 - B_{11}f_1) + (G_{12}e_2 - B_{12}f_2) + (G_{13}e_3 - B_{13}f_3) + (G_{14}e_4 - B_{14}f_4)]$$
$$- e_1[(G_{11}f_1 + B_{11}e_1) + (G_{12}f_2 + B_{12}e_2) + (G_{13}f_3 + B_{13}e_3) + (G_{14}f_4 + B_{14}e_4)]$$

将已知量代入，得到

$$-0.18 = f_1[(1.0421e_1 + 8.2429f_1) + (-0.5882e_2 - 2.3529f_2) + (0e_3 - 3.0303f_3)$$
$$+ (-0.4539e_4 - 1.8911f_4)] - e_1[(1.0421f_1 - 8.2429e_1) + (-0.5882f_2$$
$$+ 2.3529e_2) + (0f_3 + 3.0303e_3) + (-0.4539f_4 + 1.8911e_4)]$$

节点 2 有功功率方程

$$P_2 = e_2[(G_{21}e_1 - B_{21}f_1) + (G_{22}e_2 - B_{22}f_2) + (G_{23}e_3 - B_{23}f_3) + (G_{24}e_4 - B_{24}f_4)]$$
$$+ f_2[(G_{21}f_1 + B_{21}e_1) + (G_{22}f_2 + B_{22}e_2) + (G_{23}f_3 + B_{23}e_3) + (G_{24}f_4 + B_{24}e_4)]$$

将已知量代入，得到

$$-0.55 = e_2[(-0.5882e_1 - 2.3529f_1) + (1.069e_2 + 4.7274f_2) + (0e_3 - 0f_3)$$
$$+ (-0.4808e_4 - 2.4038f_4)] + f_2[(-0.5882f_1 + 2.3529e_1) + (1.069f_2$$
$$- 4.7274e_2) + (0f_3 + 0e_3) + (-0.4808f_4 + 2.4038e_4)]$$

节点 2 无功功率方程

$$Q_2 = f_2[(G_{21}e_1 - B_{21}f_1) + (G_{22}e_2 - B_{22}f_2) + (G_{23}e_3 - B_{23}f_3) + (G_{24}e_4 - B_{24}f_4)]$$
$$- e_2[(G_{21}f_1 + B_{21}e_1) + (G_{22}f_2 + B_{22}e_2) + (G_{23}f_3 + B_{23}e_3) + (G_{24}f_4 + B_{24}e_4)]$$

将已知量代入，得到

$$-0.13 = f_2[(-0.5882e_1 - 2.3529f_1) + (1.069e_2 + 4.7274f_2) + (0e_3 - 0f_3)$$
$$+ (-0.4808e_4 - 2.4038f_4)] - e_2[(-0.5882f_1 + 2.3529e_1) + (1.069f_2$$
$$- 4.7274e_2) + (0f_3 + 0e_3) + (-0.4808f_4 + 2.4038e_4)]$$

二、节点分类

功率方程式（4-63）、式（4-64）表明，有 n 个节点的系统有功及无功功率的方程总

数为 $2n$ 个。每个节点都有四个变量。以直角坐标表示的方程，这四个变量是 e_i、f_i、P_i、Q_i；对于用极坐标形式表示的方程，四个变量是 U_i、δ_i、P_i 及 Q_i。全系统总的变量数为 $4n$ 个，由于功率方程只有 $2n$ 个，只能求解 $2n$ 个变量，其余 $2n$ 个变量必须已知才能求解功率方程。潮流计算中究竟哪 $2n$ 个变量是待求量，哪 $2n$ 个变量是必须事先给定，需通过对系统中的母线进行分析方能确定。

一个实际待计算的系统包含许多母线，但是根据母线的性质（负荷母线或发电厂母线等）、电源运行的方式以及计算的要求可将它们分成三类。

1. PQ 节点

此类节点注入的有功功率 P_i 和无功功率 Q_i 是已知的，而节点的电压数值和相角 U_i、δ_i 是待求量。系统中的降压变电所母线一般属于这类节点，某些限定发电功率而不限定母线电压的发电厂母线也属于这类节点。因为系统中的降压变电所为数众多，所以这类节点的数目也最多。

2. PV 节点

这类节点的特点是注入的有功功率 P_i 已经给定，同时又规定了母线电压的数值，而无功功率和电压的相位角 δ_i 则根据系统运行情况确定。为了维持节点电压的数值在规定的水平，这类节点设有可以调节的无功电源。一般发电厂都有调节无功功率的能力，如果再规定了它的母线电压值和有功功率就成了 PV 节点。装有调相机等可连续调节的无功补偿设备的变电所母线的电压往往也是给定的，因此这种变电所母线也是 PV 节点。一般这类节点的数目比 PQ 节点少得多。

3. 平衡节点

平衡节点是根据潮流计算的需要人为确定的一个节点。在潮流计算未得出结果之前，网络中的功率损耗不能确定，因而电力网中至少有一个含有电源的节点的功率不能确定，这个节点最后要担当功率平衡的任务，故称为平衡节点。此外，为了计算的需要必须设定一个节点的电压相位角等于零，以作为其它节点电压的参考，称为电压基准节点。实际进行潮流计算时，总是把平衡节点与电压基准节点合选成一个节点。平衡节点的电压数值和相位角均事先给定，而功率 P 和 Q 则待求。一般选择电力系统中的主调频电厂的母线作为平衡节点。有时为了提高导纳矩阵算法的收敛性，也可以选择出线数目最多的发电厂母线作为平衡节点或者按其它原则选择平衡节点。

上面介绍的节点分类法保证了每个节点有两个变量是已知的，两个变量是待求的，从而满足了 $2n$ 个方程能求 $2n$ 个变量的条件。

三、求解非线性方程组的牛顿—拉夫逊法

式（4-63）、式（4-64）给出的功率方程含有变量电压的平方项及电压相位角 δ 的三角函数项，所以功率方程是非线性方程组，计算电力系统潮流就是求解这样一组非线性方程组。求解非线性方程组采用将方程线性化后，用迭代的方法求近似解。

（一）牛顿—拉夫逊法求解一元非线性方程

对于一元非线性普通方程

$$f(x) = y_0$$

设 x^* 为方程的真实解，$x^{(0)}$ 为 x^* 附近的某个近似解，两者的偏差为 $\Delta x^{(0)} = x - x^{(0)}$，以后称它为修正量。将方程在近似解 $x^{(0)}$ 处泰勒级数展开

$$f(x) = f(x^{(0)} + \Delta x^{(0)}) = f(x^{(0)}) + f'(x^{(0)})\Delta x^{(0)} + \frac{f''(x^{(0)})}{2!}(\Delta x^{(0)})^2$$

$$+ \cdots + \frac{f^n(x^{(0)})}{n!}(\Delta x^{(0)})^n + \cdots = y_0 \qquad (4-65)$$

如果初值 $x^{(0)}$ 非常接近 x^* 真实解时，修正量很小，因而式（4-64）中包含 $\Delta x^{(0)}$ 的二次项以及更高次项均可忽略，此时方程简化为线性方程

$$f(x^{(0)}) + f'(x^{(0)})\Delta x^{(0)} = y_0 \qquad (4-66)$$

该方程通常称为修正方程。若 $f'(x^{(0)}) \neq 0$，其解记为

$$\Delta x^{(0)} = \frac{y_0 - f(x^{(0)})}{f'(x^{(0)})} \qquad (4-67)$$

应当注意：这个修正量是方程式（4-64）略去 $\Delta x^{(0)}$ 二次及其以上高次项后求出的近似值，故用它去修正初值 $x^{(0)}$ 得到的不是真实解 x^*，而是一个新的近似解

$$x^{(1)} = x^{(0)} + \Delta x^{(0)} = x^{(0)} + \frac{y_0 - f(x^{(0)})}{f'(x^{(0)})} \qquad (4-68)$$

特别地，如果 $f(x)$ 线性，则一次迭代就可以得到 x^*。

一般地，在 $x^{(k)}$ 附近的线性化方程为

$$f(x^{(k)}) + f'(x^{(k)})\Delta x^{(k)} = y_0 \qquad (4-69)$$

若 $f'(x^{(k)}) \neq 0$，记其解为

$$x^{(k+1)} = \frac{y_0 - f(x^{(k)})}{f'(x^{(k)})} + x^{(k)} \qquad (k = 0,1,2,\cdots) \qquad (4-70)$$

由此得到序列 $\{x^{(k)}\}$，这种迭代格式称为解 $f(x) = y_0$ 的牛顿迭代法。

每次迭代计算出的近似解或修正量，都用下述不等式检验。

$$|f(x^{(k)})| < \varepsilon_1 \qquad (4-71)$$

或 $$|\Delta x^{(k)}| < \varepsilon_2 \qquad (4-72)$$

式中　ε_1、ε_2——均为预先给定的任意小数。

若不等式得到满足，表明已经收敛，即可用得到的近似解 $x^{(k+1)}$ 作为真实解。

为便于理解，将牛顿—拉夫逊法用几何图形进一步解释，见图 4-22。图中的曲线表示非线性函数 $y = f(x)$ 的轨迹，它与 $y = y_0$ 的交点就是方程 $f(x) = y_0$ 的解 x^*，随意选取初值 $x^{(0)}$，过该点作 $y = y_0$ 的垂线，该垂线与曲线的交点就是 $f(x^{(0)})$，在该交点作曲线的切线，切线与 $y = y_0$ 的交点就是第一次迭代得到的近似解 $x^{(1)}$。继续这样的作图就能逼近到真实解。由此可见，牛顿—拉失逊法就是用切线逐渐找寻真实解的方法，故牛顿—拉夫逊法又叫切线法。

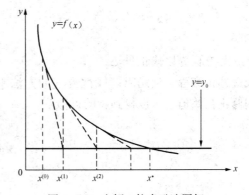

图 4-22　牛顿—拉夫逊法图解

（二）牛顿—拉夫逊法求解非线性方程组

对于非线性方程组

$$
\left.\begin{aligned}
f_1(x_1,x_2,\cdots,x_n) &= y_1\\
f_2(x_1,x_2,\cdots,x_n) &= y_2\\
&\cdots\cdots\\
f_n(x_1,x_2,\cdots,x_n) &= y_n
\end{aligned}\right\}
\tag{4-73}
$$

其初始值为 $x_1^{(0)}$，$x_2^{(0)}$，$\cdots$，$x_n^{(0)}$。设初始值与真实解偏差为 $\Delta x_1^{(0)}$，$\Delta x_2^{(0)}$，$\cdots$，$\Delta x_n^{(0)}$，则式（4-72）可表达为

$$
\left.\begin{aligned}
f_1(x_1^{(0)}+\Delta x_1^{(0)},x_2^{(0)}+\Delta x_2^{(0)},\cdots,x_n^{(0)}+\Delta x_n^{(0)}) &= y_1\\
f_2(x_1^{(0)}+\Delta x_1^{(0)},x_2^{(0)}+\Delta x_2^{(0)},\cdots,x_n^{(0)}+\Delta x_n^{(0)}) &= y_2\\
&\cdots\cdots\\
f_n(x_1^{(0)}+\Delta x_1^{(0)},x_2^{(0)}+\Delta x_2^{(0)},\cdots,x_n^{(0)}+\Delta x_n^{(0)}) &= y_n
\end{aligned}\right\}
\tag{4-74}
$$

将式（4-74）中的方程都在初始值处展成泰勒级数，并略去含有修正量 $\Delta x_1^{(0)}$，$\Delta x_2^{(0)}$，$\cdots$，$\Delta x_n^{(0)}$ 二次方及更高次方的项，最后把方程近似写成

$$
\left.\begin{aligned}
f_1(x_1^{(0)},x_2^{(0)},\cdots,x_n^{(0)})+\frac{\partial f_1}{\partial x_1}\bigg|_0\Delta x_1^{(0)}+\frac{\partial f_1}{\partial x_2}\bigg|_0\Delta x_2^{(0)}+\cdots+\frac{\partial f_1}{\partial x_n}\bigg|_0\Delta x_n^{(0)} &= y_1\\
f_2(x_1^{(0)},x_2^{(0)},\cdots,x_n^{(0)})+\frac{\partial f_2}{\partial x_1}\bigg|_0\Delta x_1^{(0)}+\frac{\partial f_2}{\partial x_2}\bigg|_0\Delta x_2^{(0)}+\cdots+\frac{\partial f_2}{\partial x_n}\bigg|_0\Delta x_n^{(0)} &= y_2\\
&\cdots\cdots\\
f_n(x_1^{(0)},x_2^{(0)},\cdots,x_n^{(0)})+\frac{\partial f_2}{\partial x_1}\bigg|_0\Delta x_1^{(0)}+\frac{\partial f_2}{\partial x_2}\bigg|_0\Delta x_2^{(0)}+\cdots+\frac{\partial f_2}{\partial x_n}\bigg|_0\Delta x_n^{(0)} &= y_n
\end{aligned}\right\}
\tag{4-75}
$$

式中 $\dfrac{\partial f_i}{\partial x_j}\bigg|_0$——函数 f_i（x_1，x_2，$\cdots$，x_n）对自变量 x_i 的偏导数在初始值处的值。

上式写成矩阵形式为

$$
\begin{bmatrix}
y_1-f_1(x_1^{(0)},x_2^{(0)},\cdots,x_n^{(0)})\\
y_2-f_2(x_1^{(0)},x_2^{(0)},\cdots,x_n^{(0)})\\
\cdots\cdots\\
y_n-f_n(x_1^{(0)},x_2^{(0)},\cdots,x_n^{(0)})
\end{bmatrix}
=
\begin{bmatrix}
\frac{\partial f_1}{\partial x_1}\big|_0 & \frac{\partial f_1}{\partial x_2}\big|_0 & \cdots\frac{\partial f_1}{\partial x_n}\big|_0\\
\frac{\partial f_2}{\partial x_1}\big|_0 & \frac{\partial f_2}{\partial x_2}\big|_0 & \cdots\frac{\partial f_2}{\partial x_n}\big|_0\\
\cdots\cdots\\
\frac{\partial f_n}{\partial x_1}\big|_0 & \frac{\partial f_n}{\partial x_2}\big|_0 & \cdots\frac{\partial f_n}{\partial x_n}\big|_0
\end{bmatrix}
\begin{bmatrix}
\Delta x_1^{(0)}\\
\Delta x_2^{(0)}\\
\vdots\\
\Delta x_n^{(0)}
\end{bmatrix}
\tag{4-76}
$$

此方程为以修正量 $\Delta x_1^{(0)}$，$\Delta x_2^{(0)}$，$\cdots$，$\Delta x_n^{(0)}$ 为变量的线性代数方程组，称为牛顿—拉夫逊修正方程。运用求解线性方程的方法求出修正量 $\Delta x_1^{(0)}$，$\Delta x_2^{(0)}$，$\cdots$，$\Delta x_n^{(0)}$，然后用它们修正初始值，可以得到新的近似解

$$
\left.\begin{aligned}
x_1^{(1)} &= x_1^{(0)}+\Delta x_1^{(0)}\\
x_2^{(1)} &= x_2^{(0)}+\Delta x_2^{(0)}\\
&\cdots\cdots\\
x_n^{(1)} &= x_n^{(0)}+\Delta x_n^{(0)}
\end{aligned}\right\}
\tag{4-77}
$$

再将这组解作为新的初始值，计算式（4-76）等式右侧第一个矩阵（称为雅可比矩阵）的各元件，然后求解修正方程式（4-76）得新的修正量。不断重复上述计算，当进行到第 $k+1$ 次时，修正方程的形式是

$$
\begin{bmatrix}
y_1 - f_1(x_1^{(k)},x_2^{(k)},\cdots,x_n^{(k)}) \\
y_2 - f_2(x_1^{(k)},x_2^{(k)},\cdots,x_n^{(k)}) \\
\cdots\cdots \\
y_n - f_n(x_1^{(k)},x_2^{(k)},\cdots,x_n^{(k)})
\end{bmatrix}
=
\begin{bmatrix}
\left.\dfrac{\partial f_1}{\partial x_1}\right|_k & \left.\dfrac{\partial f_1}{\partial x_2}\right|_k & \cdots\left.\dfrac{\partial f_1}{\partial x_n}\right|_k \\
\left.\dfrac{\partial f_2}{\partial x_1}\right|_k & \left.\dfrac{\partial f_2}{\partial x_2}\right|_k & \cdots\left.\dfrac{\partial f_2}{\partial x_n}\right|_k \\
\cdots\cdots \\
\left.\dfrac{\partial f_n}{\partial x_1}\right|_k & \left.\dfrac{\partial f_n}{\partial x_2}\right|_k & \cdots\left.\dfrac{\partial f_n}{\partial x_n}\right|_k
\end{bmatrix}
\begin{bmatrix}
\Delta x_1^{(k)} \\
\Delta x_2^{(k)} \\
\vdots \\
\Delta x_n^{(k)}
\end{bmatrix}
\qquad (4\text{-}78)
$$

第 $k+1$ 次迭代求出的解为

$$
\left.\begin{aligned}
x_1^{(k+1)} &= x_1^{(k)} + \Delta x_1^{(k)} \\
x_2^{(k+1)} &= x_2^{(k)} + \Delta x_2^{(k)} \\
&\cdots\cdots \\
x_n^{(k+1)} &= x_n^{(k)} + \Delta x_n^{(k)}
\end{aligned}\right\}
\qquad (4\text{-}79)
$$

修正方程式（4 - 78）可简写成

$$
\Delta \boldsymbol{f}(\boldsymbol{x}^{(k)}) = \boldsymbol{J}^{(k)}\, \Delta \boldsymbol{x}^{(k)} \qquad (4\text{-}80)
$$

$\boldsymbol{J}$ 矩阵为 n 阶矩阵，称为雅可比矩阵。

式（4 - 79）可以简写成

$$
\boldsymbol{x}^{(k+1)} = \boldsymbol{x}^{(k)} + \Delta \boldsymbol{x}^{(k)} \qquad (4\text{-}81)
$$

在第 k 次迭代后用下面的公式检查是否收敛

$$
| f_i(x_1^{(k)},x_2^{(k)},\cdots,x_n^{(k)}) |_{\max} < \varepsilon_1 \qquad (4\text{-}82)
$$

或
$$
| \Delta x_i^{(k)} | < \varepsilon_2 \qquad (i=1,2,3,\cdots,n) \qquad (4\text{-}83)
$$

若上式成立，则表明已经收敛，应停止继续迭代计算，即以 $x_i^{(k+1)}$ 作为方程组的解，否则应当继续迭代，直到收敛为止。ε_1 及 ε_2 是根据计算精度要求，事先给定的收敛指标。

四、牛顿—拉夫逊法潮流计算

相对于极坐标系，直角坐标系的功率方程式（4 - 63）在牛顿—拉夫逊法潮流计算中使用较为广泛。以下仅介绍直角坐标系下的牛顿—拉夫逊法潮流计算。

1. 建立修正方程

假设系统中一共有 n 个节点，其中平衡节点一个，其编号为 n，PQ 节点数目 m 个，编号为 1，2，$\cdots$，m，PV 节点数目 $n-m-1$ 个，编号为 $m+1$，$m+2$，$\cdots$，$n-1$。平衡节点的电压实部与虚部已知，不用求解。这时共有 $2(n-1)$ 个未知量（电压实部、电压虚部），$2(n-1)$ 个已知量（PQ 节点的有功、无功注入功率分别 m 个，PV 节点有功注入功率 $n-m-1$ 个，还有 PV 节点的电压数值 $n-m-1$ 个），由于 PV 节点的无功注入功率未知，但电压数值已知，所以对于 PV 节点，需要用电压数值方程代替无功功率方程，即

$$
\left.\begin{aligned}
P_i &= P_i(\boldsymbol{e},\boldsymbol{f}) = e_i\sum_{j\in i}(G_{ij}e_j - B_{ij}f_j) + f_i\sum_{j\in i}(G_{ij}f_j + B_{ij}e_j) & (i=1,2,\cdots,n-1) \\
Q_i &= Q_i(\boldsymbol{e},\boldsymbol{f}) = f_i\sum_{j\in i}(G_{ij}e_j - B_{ij}f_j) - e_i\sum_{j\in i}(G_{ij}f_j + B_{ij}e_j) & (i=1,2,\cdots,m) \\
U_i^2 &= U_i^2(\boldsymbol{e},\boldsymbol{f}) = e_i^2 + f_i^2 & (i=m+1,m+2,\cdots,n-1)
\end{aligned}\right\}
$$
$$(4\text{-}84)$$

式（4 - 84）中：

相量 $\boldsymbol{x}=[\boldsymbol{e},\boldsymbol{f}]=[e_1,e_2,\cdots,e_{n-1},f_1,f_2,\cdots,f_{n-1}]$ 待求；

相量 $\boldsymbol{y} = [\boldsymbol{P},\ \boldsymbol{Q},\ \boldsymbol{U}^2] = [P_1,\ P_2,\ \cdots,\ P_{n-1},\ Q_1,\ Q_2,\ \cdots,\ Q_{m-1},\ U_m^2,\ U_{m+1}^2,\ \cdots,\ U_{n-1}^2]$ 已知。

方程组

$$f(\boldsymbol{x}) = [\boldsymbol{P}(e,f),\boldsymbol{Q}(e,f),\boldsymbol{U}^2(e,f)] = [P(e,f)_1,P_2(e,f),\cdots,P_{n-1}(e,f),$$
$$Q_1(e,f),Q_2(e,f),\cdots,Q_{m-1}(e,f),U_m^2(e,f),U_{m+1}^2(e,f),\cdots,U_{n-1}^2(e,f)]$$

则式（4-84）可以写成 $f(\boldsymbol{x}) = \boldsymbol{y}$ 的形式。参照式（4-78），可以建立修正方程。

首先，根据 $\Delta f(\boldsymbol{x}) = [\boldsymbol{y} - f(\boldsymbol{x})]$，针对式（4-84），可以表达为

$$\left.\begin{aligned}
\Delta P_i &= P_i - P_i(f,e) = P_i - \Big[e_i \sum_{j\in i}(G_{ij}e_j - B_{ij}f_j) + f_i \sum_{j\in i}(G_{ij}f_j + B_{ij}e_j)\Big] = 0 \\
\Delta Q_i &= Q_i - Q_i(f,e) = Q_i - \Big[f_i \sum_{j\in i}(G_{ij}e_j - B_{ij}f_j) - e_i \sum_{j\in i}(G_{ij}f_j + B_{ij}e_j)\Big] = 0 \\
\Delta U_i^2 &= U_i^2 - U_i^2(f,e) = U_i^2 - [e_i^2 + f_i^2] = 0
\end{aligned}\right\}$$

$$(4\text{-}85)$$

其次，雅可比矩阵 $\boldsymbol{J} = f'(\boldsymbol{x})$，针对式（4-78），可以表达为

$$\boldsymbol{J} = \begin{bmatrix} \boldsymbol{H} & \boldsymbol{N} \\ \boldsymbol{J} & \boldsymbol{L} \\ \boldsymbol{R} & \boldsymbol{S} \end{bmatrix} = \begin{bmatrix} \dfrac{\partial \boldsymbol{P}(f,e)}{\partial f} & \dfrac{\partial \boldsymbol{P}(f,e)}{\partial e} \\[2mm] \dfrac{\partial \boldsymbol{Q}(f,e)}{\partial f} & \dfrac{\partial \boldsymbol{Q}(f,e)}{\partial e} \\[2mm] \dfrac{\partial \boldsymbol{U}^2(f,e)}{\partial f} & \dfrac{\partial \boldsymbol{U}^2(f,e)}{\partial e} \end{bmatrix}$$

根据式(4-78)，可以得到以下修正方程式

$$\begin{bmatrix} \Delta \boldsymbol{P} \\ \Delta \boldsymbol{Q} \\ \Delta \boldsymbol{U}^2 \end{bmatrix} = \begin{bmatrix} \boldsymbol{H} & \boldsymbol{N} \\ \boldsymbol{J} & \boldsymbol{L} \\ \boldsymbol{R} & \boldsymbol{S} \end{bmatrix} \begin{bmatrix} \Delta f \\ \Delta e \end{bmatrix} = \begin{bmatrix} \dfrac{\partial \boldsymbol{P}(f,e)}{\partial f} & \dfrac{\partial \boldsymbol{P}(f,e)}{\partial e} \\[2mm] \dfrac{\partial \boldsymbol{Q}(f,e)}{\partial f} & \dfrac{\partial \boldsymbol{Q}(f,e)}{\partial e} \\[2mm] \dfrac{\partial \boldsymbol{U}^2(f,e)}{\partial f} & \dfrac{\partial \boldsymbol{U}^2(f,e)}{\partial e} \end{bmatrix} \begin{bmatrix} \Delta f \\ \Delta e \end{bmatrix} \qquad (4\text{-}86)$$

式(4-86)是按照变量顺序排列，现将该式按照节点编号顺序重新排列，并展开，得到式(4-87)

$$\begin{bmatrix} \Delta P_1 \\ \Delta Q_1 \\ \vdots \\ \Delta P_m \\ \Delta Q_m \\ \Delta P_{m+1} \\ \Delta U_{m+1}^2 \\ \vdots \\ \Delta P_{n-1} \\ \Delta U_{n-1}^2 \end{bmatrix} = \begin{bmatrix} H_{11} & N_{11} & \cdots & H_{1m} & N_{1m} & H_{1(m+1)} & N_{1(m+1)} & \cdots & H_{1(n-1)} & N_{1(n-1)} \\ J_{11} & L_{11} & \cdots & J_{1m} & L_{1m} & J_{1(m+1)} & L_{1(m+1)} & \cdots & J_{1(n-1)} & L_{1(n-1)} \\ \vdots & \vdots & \cdots & \vdots & \vdots & \vdots & \vdots & \cdots & \vdots & \vdots \\ H_{m1} & N_{m11} & \cdots & H_{mm} & N_{mm} & H_{m(m+1)} & N_{m(m+1)} & \cdots & H_{m(n-1)} & N_{m(n-1)} \\ J_{m1} & L_{m1} & \cdots & J_{mm} & L_{mm} & J_{m(m+1)} & L_{m(m+1)} & \cdots & J_{m(n-1)} & L_{m(n-1)} \\ H_{(m+1)1} & N_{(m+1)1} & \cdots & H_{(m+1)m} & N_{(m+1)m} & H_{(m+1)(m+1)} & N_{(m+1)(m+1)} & \cdots & H_{(m+1)(n-1)} & N_{(m+1)(n-1)} \\ R_{(m+1)1} & S_{(m+1)1} & \cdots & R_{(m+1)m} & S_{(m+1)m} & R_{(m+1)(m+1)} & S_{(m+1)(m+1)} & \cdots & R_{(m+1)(n-1)} & S_{(m+1)(n-1)} \\ \vdots & \vdots & \cdots & \vdots & \vdots & \vdots & \vdots & \vdots & \vdots & \vdots \\ H_{(n-1)1} & N_{(n-1)1} & \cdots & H_{(n-1)m} & N_{(n-1)m} & H_{(n-1)(m+1)} & N_{(n-1)(m+1)} & \cdots & H_{(n-1)(n-1)} & N_{(n-1)(n-1)} \\ R_{(n-1)1} & S_{(n-1)1} & \cdots & R_{(n-1)m} & S_{(n-1)m} & R_{(n-1)(m+1)} & S_{(n-1)(m+1)} & \cdots & R_{(n-1)(n-1)} & S_{(n-1)(n-1)} \end{bmatrix} \begin{bmatrix} \Delta f_1 \\ \Delta e_1 \\ \vdots \\ \Delta f_m \\ \Delta e_m \\ \Delta f_{m+1} \\ \Delta e_{m+1} \\ \vdots \\ \Delta f_{n-1} \\ \Delta e_{n-1} \end{bmatrix}$$

$$(4\text{-}87)$$

雅可比矩阵的各元素：

对于非对角元素（$i \neq j$），有

$$H_{ij} = \frac{\partial P_i(f,e)}{\partial f_j} = -B_{ij}e_i + G_{ij}f_i$$

$$N_{ij} = \frac{\partial P_i(f,e)}{\partial e_j} = G_{ij}e_i + B_{ij}f_i$$

$$J_{ij} = \frac{\partial Q_i(f,e)}{\partial f_j} = -B_{ij}f_i - G_{ij}e_i = -N_{ij}$$

$$L_{ij} = \frac{\partial Q_i(f,e)}{\partial e_j} = G_{ij}f_i - B_{ij}e_i = H_{ij}$$

$$R_{ij} = \frac{\partial U_i^2(f,e)}{\partial f_j} = 0$$

$$S_{ij} = \frac{\partial U_i^2(f,e)}{\partial e_j} = 0$$

(4 - 88)

对于对角元素（$i=j$），有

$$H_{ii} = \frac{\partial P_i(f,e)}{\partial f_i} = \sum_{j=1}^{n}(G_{ij}f_i - B_{ij}e_i) + G_{ii}f_i - B_{ii}e_i$$

$$N_{ii} = \frac{\partial P_i(f,e)}{\partial e_i} = \sum_{j=1}^{n}(G_{ij}e_i - B_{ij}f_i) + G_{ii}e_i + B_{ii}f_i$$

$$J_{ii} = \frac{\partial Q_i(f,e)}{\partial f_i} = \sum_{j=1}^{n}(G_{ij}e_i - B_{ij}f_i) - G_{ii}e_i - B_{ii}f$$

$$L_{ii} = \frac{\partial Q_i(f,e)}{\partial e_i} = \sum_{j=1}^{n}(G_{ij}f_i + B_{ij}e_i) + G_{ii}f_i - B_{ii}e_i$$

$$R_{ii} = \frac{\partial U_i^2(f,e)}{\partial f_i} = 2f_i$$

$$S_{ii} = \frac{\partial U_i^2(f,e)}{\partial e_i} = 2e_i$$

(4 - 89)

分析上述表达式可以看到，雅可比矩阵具有以下特点：

（1）各元素是各节点电压的函数，迭代过程中每迭代一次各节点电压都要改变，因而各元素每次也变化。

（2）不是对称矩阵。

（3）互导纳 $Y_{ij}=0$，与之对应的非对角元素亦为零，此外因非对角线元素 $R_{ij}=S_{ij}=0$，故雅可比矩阵是非常稀疏的。

2. 牛顿—拉夫逊法计算潮流的主要流程

（1）形成导纳矩阵。

（2）设置各节点电压初始值 $e_i^{(0)}$、$f_i^{(0)}$。

（3）将初始值代入式（4 - 85）计算各节点功率及电压的偏移量 $\Delta P_i^{(0)}$、$\Delta Q_i^{(0)}$ 和 $\Delta U_i^{(0)2}$。

（4）运用式（4 - 88）、式（4 - 89）求雅可比矩阵各元素。

（5）解修正方程式（4 - 87）求出各节点电压的修正量 $\Delta e_i^{(0)}$、$\Delta f_i^{(0)}$。

（6）求新的电压值，其公式为

$$\left.\begin{array}{l} e_i^{(1)} = e_i^{(0)} + \Delta e_i^{(0)} \\ f_i^{(1)} = f_i^{(0)} + \Delta f_i^{(0)} \end{array}\right\}$$

(4 - 90)

（7）用新的电压值代入式（4 - 85），计算新的各节点功率及电压偏移量 $\Delta P_i^{(1)}$、$\Delta Q_i^{(1)}$

和 $\Delta U_i^{(1)2}$。

（8）检查计算是否已收敛，其收敛检验式为

$$\left| f(x_i^{(k)}) \right|_{max} = \left| \Delta P_{max}^{(k)}, \Delta Q_{max}^{(k)} \right| < \varepsilon \qquad (4\text{-}91)$$

式中　ε——预先给定的小数。

若不收敛返回到第（4）步重新迭代，若收敛做下一步。

（9）计算各线路中的功率分布及平衡节点功率，最后打印出计算结果。

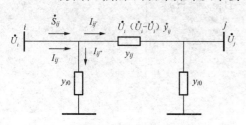

图 4-23　线路功率计算示意图

任意线路中的功率计算方法可从图 4-23 表示的关系推出。由图可知

$$\dot{S}_{ij} = P_{ij} + jQ_{ij} = \dot{U}_i \overset{*}{I}_{ij} = \dot{U}_i \overset{*}{I}''_{ij} + \dot{U}_i \overset{*}{I}'_{ij}$$
$$= U_i^2 \overset{*}{y}_{i0} + \dot{U}_i(\overset{*}{U}_i - \overset{*}{U}_j)\overset{*}{y}_{ij} \qquad (4\text{-}92)$$

平衡节点的功率为

$$\dot{S} = P_s + jQ_s = \dot{U}_s \sum_{j=1}^{n} \overset{*}{y}_{sj} \overset{*}{U}_j \qquad (4\text{-}93)$$

牛顿—拉夫逊法的流程图如图 4-24 所示。

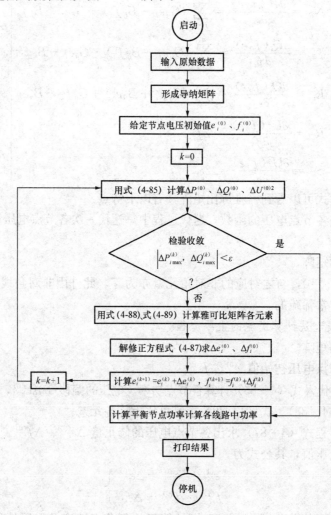

图 4-24　牛顿—拉夫逊法潮流计算的流程图

【例4-4】　在［例4-3］给出的4个节点系统中，节点1、2为PQ节点，节点3为PV节点。节点4为平衡节点，已知节点3电压数值 $U_3=1.10$，节点4电压数值和相角 $U_4=1.05$ $\angle0°$，用牛顿—拉夫逊法计算潮流。

解　（1）根据［例4-3］的求解结果，可以列写导纳矩阵

$$\begin{bmatrix} 1.01534 & -0.5615 & & -0.4539 \\ -j8.1920 & +j2.3021 & j3.6667 & +j1.8911 \\ \\ -0.5615 & 1.0423 & & -0.4808 \\ +j2.3021 & -j4.6765 & 0 & +j2.4038 \\ \\ j3.6667 & 0 & -j3.3333 & 0 \\ \\ -0.4539 & -0.4808 & & 0.9346 \\ +j1.8911 & +j2.4038 & 0 & -j4.2616 \end{bmatrix}$$

（2）设定电压初值

$$e_1^{(0)}+jf_1^{(0)}=1+j0;e_2^{(0)}+jf_2^{(0)}=1+j0;e_3^{(0)}+jf_3^{(0)}=1+j0$$

（3）利用公式（4-85）计算功率和电压偏移

$$\Delta P_1^{(0)}=P_{1s}-P_1^{(0)}=P_{1s}-\left[e_1^{(0)}\sum_{j=1}^4(G_{1j}e_j^{(0)}-B_{1j}f_1^{(0)})\right.$$

$$\left.+f_1^{(0)}\sum_{j=1}^4(G_{1j}f_j^{(0)}+B_{1j}e_1^{(0)})\right]=-0.2773072$$

$$\Delta Q_1^{(0)}=Q_{1s}-Q_1^{(0)}=Q_{1s}-\left[f_1^{(0)}\sum_{j=1}^4(G_{1j}e_j^{(0)}-B_{1j}f_1^{(0)})\right.$$

$$\left.-e_1^{(0)}\sum_{j=1}^4(G_{1j}f_j^{(0)}-B_{1j}e_1^{(0)})\right]=-0.4176334$$

同理可算出

$$\Delta P_2^{(0)}=P_{2s}-P_2^{(0)}=-0.52596$$

$$\Delta Q_2^{(0)}=Q_{2s}-Q_2^{(0)}=0.0196$$

$$\Delta P_3^{(0)}=P_{3s}-P_3^{(0)}=0.5$$

$$\Delta U_3^{(0)2}=U_{3s}^2-U_3^{(0)2}=0.21$$

（4）根据求雅可比矩阵各元素的公式计算雅可比矩阵各个元素的具体值

$$\begin{bmatrix} 7.954372 & 0.992647 & -2.302077 & -0.561482 & -3.666667 & 0 \\ -1.038033 & 8.429639 & 0.561482 & -2.302077 & 0 & -3.666667 \\ -2.302077 & -0.561482 & 4.826116 & 1.018213 & 0 & 0 \\ 0.561482 & -2.302077 & -1.066290 & 4.526911 & 0 & 0 \\ -3.666667 & 0 & 0 & 0 & 3.666667 & 0 \\ 0 & 0 & 0 & 0 & 0 & 2 \end{bmatrix}$$

（5）求修正量

$$\begin{bmatrix} \Delta f_1^{(0)} \\ \Delta e_1^{(0)} \\ \Delta f_2^{(0)} \\ \Delta e_2^{(0)} \\ \Delta f_3^{(0)} \\ \Delta e_3^{(0)} \end{bmatrix}=J^{(0)-1}\begin{bmatrix} \Delta P_1^{(0)} \\ \Delta Q_1^{(0)} \\ \Delta P_2^{(0)} \\ \Delta Q_2^{(0)} \\ \Delta P_3^{(0)} \\ \Delta U_3^{(0)2} \end{bmatrix}=\begin{bmatrix} -0.008520 \\ -0.003717206 \\ -0.1088095 \\ -0.0221329 \\ 0.1278434 \\ 0.105 \end{bmatrix}$$

（6）计算各节点电压的一次近似值

$$e_1^{(1)} = e_1^{(0)} + \Delta e_1^{(0)} = 0.9962828$$
$$e_2^{(1)} = e_2^{(0)} + \Delta e_2^{(0)} = 0.9778671$$
$$e_3^{(1)} = e_3^{(0)} + \Delta e_3^{(0)} = 1.105000$$
$$f_1^{(1)} = f_1^{(0)} + \Delta f_1^{(0)} = -0.008520264$$
$$f_2^{(1)} = f_2^{(0)} + \Delta f_2^{(0)} = -0.1088095$$
$$f_3^{(1)} = f_3^{(0)} + \Delta f_3^{(0)} = 0.1278434$$

返回第（3）步重新迭代，并用式（4-91）校验收敛与否，令 $\varepsilon = 10^{-4}$。

迭代过程中各节点的电压见表 4-1。迭代过程中各节点功率偏差和电压偏差见表 4-2。

表 4-1 各 节 点 电 压

迭代次数 k	节点电压		
	$\dot{U}_1$	$\dot{U}_2$	$\dot{U}_3$
0	0.9962828−j0.008520264	0.9778671−j0.1088095	1.105+j0.1278434
1	0.9847388−j0.00763271	0.9589537−j0.109086	1.092367+j0.129962
2	0.9845905−j0.007640239	0.9585921−j0.1091042	1.092289+j0.1300219
3	0.9845905−j0.007640259	0.9585919−j0.1091042	1.092289+j0.1300218

表 4-2 各节点功率偏差和电压偏差

迭代次数 k	功率偏差和电压偏差					
	ΔP_1	ΔQ_1	ΔP_2	ΔQ_2	ΔP_3	ΔU_3^2
0	−0.2773072	−0.4176334	−0.5259616	0.01960209	0.5	0.21
1	0.002513885	−0.01278049	−0.01278049	−0.05521382	−0.0015378	0.105
2	−0.00001773	−0.00006567	−0.00029641	−0.00115989	0.00005	−0.0001642
3	−0.00000001	−0.00000001	−0.00000011	−0.00000049	0.00000002	−0.00000001

可见，第 3 次迭代后，收敛条件满足，停止迭代，求出的电压用极坐标表示为

$$\dot{U}_1 = 0.984620 \angle -0.444598°$$
$$\dot{U}_2 = 0.964781 \angle -6.493298°$$
$$\dot{U}_3 = 1.1 \angle 6.788325°$$

第 3 次迭代后已经收敛。

（7）利用式（4-92）、式（4-93）计算出平衡节点 4 的注入功率为

$$P_4 = 0.3678683$$
$$Q_4 = 0.2651326$$

第三节 灵活交流输电系统

灵活交流输电系统也称柔性交流输电技术，简称灵活输电，英文的全称是 Flexible AC Transmission System，简称 FACTS。FACTS 技术发展的背景条件可概括为输电网运行的需要，来自直流输电的竞争压力，电力电子技术和元器件的发展，计算机控制技术的发展，已有 FACTS 技术产品的运行经验积累等。

FACTS 概念的创始人 N. G. Hingrani 先生对 FACTS 的定义为：除了直流输电之外的所有将电力电子技术用于输电控制的实际应用技术。

IEEE 对 FACTS 的定义是：采用电力电子设备和其它静态控制器来提高系统可控性和功率输送能力的交流输电系统。

简单地说，FACTS 的概念就是在现有输电系统的基础上，利用电力电子技术或其它静态控制器来加强系统可控性和增加功率传输能力的一种技术；核心思想是：采用电力电子装置和控制技术对电力系统的主要参数，如电压、电流、相位差、功率和阻抗等进行灵活控制，最大限度地提高现有输电线路的稳定极限，增强系统的稳定性和安全性。

FACTS 技术主要用于提高输电网潮流方向的控制能力和提高输电线路的输送能力两个方面。FACTS 技术对系统的主要作用，可以概括为以下五个方面：

（1）控制输电联络线的潮流。

（2）使输电线路在接近其热稳定极限处安全运行。

（3）减少控制区域内的备用发电容量。

（4）限制设备故障的影响，避免造成连锁反应和事故的扩大。

（5）阻尼导致设备故障和影响输电能力的功率振荡。

一、FACTS 控制器

FACTS 控制器按其与系统的连接作用形式，大致可分为并联型控制器和串联型控制器两大类。

1. 并联型 FACTS 控制器

（1）静止无功补偿器（SVC）。SVC 可称作最早的 FACTS 控制器，早在 20 世纪 60 年代就已投入使用，70 年代末期开始用于输电系统的电压控制。SVC 在结构上主要由 TSC 和 TCR 并联组成，有的还包含有固定电容器组 FC，基本上采用晶闸管控制，通过控制晶闸管的通断及调节晶闸管的导通角度来控制其与系统交换的无功功率的数量。SVC 发展到今天，技术上已经相当成熟，在国际国内的研究应用范围都相当广泛。

（2）有源静止无功发生器（ASVG）。ASVG 的基本结构是由可关断晶闸管构成的电压源型 DC/AC 逆变器，逆变器可以发出与系统电压同频率且三相对称的正弦电压，而且可对此三相电压的幅值和相位进行快速的调节和控制。ASVG 根据两个控制参量 Q_f 和 P_f 来确定输出电压的幅值和相位，从而控制其与系统之间的有功和无功交换。如果 P_f 为零，这时的 ASVG 就变成了静止同步调相机 STATCON，成为了一个无功电源，它的输出电压与系统电压是同相位的。当 ASVG 输出电压的幅值大于系统电压的幅值时，ASVG 向系统发出无功（容性），反之 ASVG 吸收无功（感性）。如果 ASVG 输出电压的幅值与系统电压的幅值相等，这时 ASVG 与系统交换的无功为零。

ASVG 与系统之间的有功功率交换是通过控制调节逆变器输出电压相对于系统电压的相位来实现的。当 ASVG 输出电压的相位超前于对应的系统电压的相位，ASVG 向系统注入有功功率，能量由直流储能元件供给系统；反之，ASVG 从系统吸收有功功率，能量由系统供给直流储能元件。这个特点可用于 ASVG 对系统进行无功控制时，维持系统直流工作电压在规定的范围之内。

ASVG 既可向系统提供感性无功，也可向系统提供容性无功，而且它向系统提供的容性无功不像 SVC 那样受系统电压的影响，可以在任何系统电压条件下，输出额定的无功功率。所以，与 SVC 相比，ASVG 给系统提供电压支持、提高系统稳定性的作用更有效。尤其在系统故障的情况下，ASVG 进行电压维持、防止电压崩溃、提高系统暂态稳定性和抑制系统振荡的作用效果较 SVC 更加明显。

（3）可控快速制动（TCBR）。TCBR 是并联连接于系统，采用晶闸管控制的，用于提高系统稳定性减少发电机功率波动的制动电阻。

对于可使系统失稳的扰动因素，制动电阻常用作一种有效的控制手段。它的作用机理是通过功率消耗提供速度控制，通过减少由于系统故障造成的机械功率与电磁功率的不平衡，来提高同步发电机的稳定极限。

传统的制动电阻多是通过断路器在 3～5 个周波接入系统，制动电阻投入切除的时间约 100～200ms，而且在短时间内不能重复操作。而 TCBR 的投切控制部件不再是机械器件，而是电子器件，因而它具有更加灵活、快速的动作响应特性。TCBR 良好的动态响应特性，还可使它能够动态地改变制动电阻投切的数量，以改善系统阻尼控制的效果。

（4）超导磁储能系统（SMESS）。SMESS 的核心是磁铁和缠绕在磁铁上的超导导线线圈，利用并联连接的开关转换装置与交流系统快速地交换能量。这项技术的研究已经开展了几十年，它的应用前景非常广泛。

电力生产的特点是产销平衡，应付负荷激变的措施是维护系统稳定的重要手段。SMESS 技术与现代电力电子技术相结合，为平衡负荷、抑制振荡提供了一种新的有效方法，它可在短时间内通过快速的能量，吞吐平衡掉由于突发事件造成的电能产销不平衡。SMESS 技术还可以代替制动电阻，且不消耗能量，因而兼具有良好的技术经济性。

SMESS 技术的主要功能特点是维护系统稳定，提高电能的质量。但由于其自身技术要求比较高，现阶段条件下的投资比较昂贵，因而主要在以美国为代表的西方国家中得到重视和发展。

（5）电池储能系统（BESS）。BESS 是将直流电池组与交流电网连接起来的电压源型逆变器。它在电网中的作用像其他同步装置一样，可给系统提供无功支持，又可像 ASVG 一样与系统进行有功交换。任何一个 BESS 都必须通过一定的控制策略，控制电池组的充放电周期以维持直流电源电压的恒定。BESS 多用于平衡负荷变化及作为旋转能量储备，它有许多非常有益的作用，最突出的是提高输电的稳定性及给系统提供有力的有功支持。

2. 串联型 FACTS 控制器

（1）可控移相器（TCPST）。TCPST 具有控制线路潮流，提高线路输送功率极限和阻尼系统振荡等作用，并且对限制短路电流有一定的作用。它的基本功能是通过在输电线路中插入一个与线路电压正交垂直的电压相量来改变线路的首端电压与末端电压之间的相位，达到控制输电线路中功率流动的目的。首末端电压之间的相位改变量，可以简单地通过改变所插入电压相量的幅值来实现。

TCPST 不仅像传统的机械式移相器那样，具有控制稳态潮流的能力，而且借助于电子开关器件的快速响应特性，可通过迅速改变插入电压的移相角度，来控制系统在扰动和故障时的暂态潮流。

（2）可控串补（TCSC）。输电线路中的输送功率可以通过调节线路的串联阻抗来控制，方法之一就是安装串联电容器以减少线路阻抗，达到提高线路输送能力的目的。TCSC 由于可通过改变晶闸管的触发导通角来连续地调节串联补偿量，即连续改变串联在线路中的容抗的大小，甚至可变容抗为感抗，因而为控制线路中的潮流提供了一种极好的手段。

TCSC 不仅可改善系统的特性，控制输电线路中的潮流，提高线路的输送功率，还可抑制次同步振荡，阻尼功率振荡，为系统提供电压支持以提高系统的稳定性。

（3）固态串联补偿器（SSSC）。以 DC/AC 逆变器为基本结构形式搭建的固态串联补偿器（SSSC），它的基本功能是通过向线路插入一个串联同步电压，来对输电线路进行动态串联补偿。

SSSC 的输出电压的基波分量 U_c 的频率要求与系统的频率相同，且它的相位应锁定在与线路中电流的相位正交垂直。这样，改变 U_c 的幅值就改变了 SSSC 的补偿度；改变 U_c 的极性就改变了 SSSC 的补偿性质。

（4）相间功率控制器（IPC）。IPC 是一项用于改善交流网络中潮流控制手段的控制器，主要用来维持网络中两个节点之间的有功功率在稳态或偶然事件时能基本上保持恒定。目前的 IPC 都是由无源器件构成，采用可满足系统要求的开环控制来改变 IPC 的工作状态。

IPC 是每相含有两个电纳（一个电容性的、一个电感性的）承受移相电压的串联型装置。在线路的任一端，IPC 的每一相都是通过两个电纳与其他两相相连，因而称其为相间功率控制器；且相对于线路的两个端点，IPC 相当于一个压控电流源。

IPC 主要有以下四个特点：受到扰动时有功功率基本维持在额定水平的效果显著；故障时极大地限制短路电流；能使配电网络之间解偶；可全部采用传统的器件，如变压器、电容器、电抗器和短路器。

（5）统一潮流控制器（UPFC）。UPFC 是 FACTS 控制器中最具代表性的控制器。UPFC 既可控制输电线路的有功功率，又可控制输电线路的无功功率，能够控制调节输电线路的所有参数，而且具有快速即时的潮流控制响应特性。UPFC 不仅可以很好地控制输电线路的稳态潮流，还可有效地提高系统的暂态和动态稳定性。

UPFC 的结构示意图如图 4-25 所示。统一潮流控制器由两个电压源型的逆变器构成，与系统并联连接的逆变器 1 和与系统串联连接的逆变器 2，两个逆变器通过直流储能

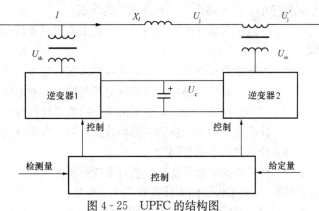

图 4-25　UPFC 的结构图

U_i、U_j、$U_j{}'$、I、X_l—输电线路的有关变量；U_{se}、U_{sh}—统一潮流控制器的两个控制输出

电容相联系。这种结构使整个控制器具有理想的交流－交流的功率转换器的功能，在两个逆变器的交流端，有功功率可以向不同的方向自由流动，而且两个逆变器还可以在自己的交流输出端吸收或发出无功功率。

二、FACTS 控制器的功能特点

FACTS 控制器潮流控制功能强、用途广，是提高输电网潮流方向控制能力和提高输电线路的输送能力的重要手段。FACTS 控制器的特点可以归纳为以下几项：

（1）可以使电能储存起来。在电力系统运行中实现电能的存取，也可在不改变电能形态的情况下实现电能的存取。

（2）产生无功功率。按电压控制要求产生或消耗无功功率。

（3）可以按要求的大小、方向、相位，补偿系统电压。

（4）可以快速变化和调节系统的电压幅值和相位、有功功率和无功功率、系统阻抗。

（5）可以频繁地调节系统的电压、无功功率、系统阻抗。

（6）可以平滑地调节系统的电压、无功功率、有功功率、系统阻抗及系统功率潮流。

可见，FACTS 控制器的作用覆盖全部电力系统的主要运行技术，可以总结为以下六个方面：

（1）暂态稳定；

（2）动态稳定；

（3）电压稳定；

（4）抑制次同步振荡；

（5）电压波动及闪变的抑制；

（6）潮流控制。

练　习　题

一、思考题

4-1　什么是"潮流计算"？它有什么作用？比较潮流计算与一般电路计算有何异同。

4-2　电力线路阻抗中的功率损耗表达式、电力线路始端和末端的电容功率表达式均是以单相形式推导的，是否适合于三相形式？为什么？

4-3　"电压降落（电压升高）"、"电压偏移（电压偏差）"和"电压损耗"这些概念有何异同？

4-4　当输电线路空载运行时，线路的末端电压将高于始端电压，为什么？

4-5　500kV 架空线路要装设并联电抗补偿，一般电缆线路要加串联电抗补偿，为什么？

4-6　"环形网络"与"辐射形网络"的潮流计算有何不同？

4-7　什么是"功率分点"？"无功分点"与"有功分点"各有何特点？

4-8　什么是"电磁环网"？

4-9　环网中的"循环功率"会对系统有哪些影响？

4-10　一般来说，潮流计算有几个主要步骤？

4-11　常用的潮流计算的数学模型是什么？

4-12　什么是"自导纳"、"互导纳"？怎样形成和修改导纳阵？

4-13　导纳阵都有哪些主要特点？

4-14　潮流计算中的变量都有哪些？是怎样分类的？

4-15　潮流计算中的节点分为哪几种类型？

4-16　什么是"功率方程"？为什么说它是非线性方程？

4-17　为什么说潮流计算只能采用"迭代法"求出满足一定精度的近似解？

4-18　有几种"常规潮流"算法？

4-19　牛顿—拉夫逊迭代法的特点是什么？

4-20　FACTS 的概念，灵活输电对电力系统的作用是什么？

4-21　FACTS 控制器有哪些类型？

二、计算题

4-22 一座 35/11kV 变电所，有两台变压器并列运行，其接线及变压器参数如图 4-26 所示。变压器的阻抗已归算至 35kV。试求：

（1）当两台变压器的变比都为 35/11kV 时，求各台变压器输出的视在功率。

（2）当 5600kVA 变压器的变比为 33.25/11kV，而 2400kVA 变压器的变比为 35/11kV 时，求各台变压器输出的视在功率。

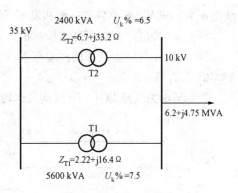

图 4-26 题 4-22 图

4-23 110kV 两端供电网如图 4-27 所示。变压器参数见表 4-3，LGJ-95 型导线的参数为 $r = 0.33\Omega/km$，$x = 0.417\Omega/km$，$b = 2.75 \times 10^{-6}S/km$。试计算当 A 厂的电压为 $115\angle 0°kV$，B 厂的电压为 $112\angle 0°kV$ 时，网络的功率分布及各母线电压。

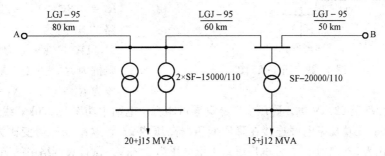

图 4-27 题 4-23 图

表 4-3 变 压 器 参 数

型号	额定电压	P_0（kW）	P_k（kW）	变比	$U_k\%$	$I_0\%$
SF-20000/110	110/11kV	48.6	157	107.25/11kV	10.5	2.3
SF-15000/110	110/11kV	40.5	128	112.75/11kV	10.5	3.5

4-24 110kV 电力系统接线如图 4-28 所示。其中发电厂 A 装有 QF-12-2 型发电机两台，均满载运行，$P_N = 112MW$，$\cos\varphi = 0.8$，除供给发电机电压负荷 10+j8MVA 外，余下均通过两台 PS-10000/121 型升压变压器输入电网、变比为 121/10.5kV；变电所Ⅰ装设两台 SF-15000/110 型变压器，变比为 115.5/11kV；变电所Ⅱ装设一台 SF-10000/110 型变压器，变比为 110/11kV。各变电所的负荷，电力线路长度和选用导线截面均示于图中。设图中与系统 S 连接处母

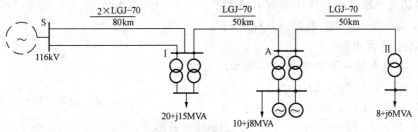

图 4-28 题 4-24 图

线电压为 116kV。试求各变电所和发电厂低压母线电压。已知：

SF—15000/110 型变压器试验数据为 $P_k = 133kW$，$U_k\% = 10.5$，$P_0 = 50kW$，$I_0\% = 3.5$。

SF—10000/110 型变压器试验数据（升降压型相同）为 $P_k = 97.5kW$，$U_k\% = 10.5$，$P_0 = 38.5kW$，$I_0\% = 3.5$。

110kV 电力线路 LGJ—70 线间几何均距为 4m，导线直径为 11.4mm。

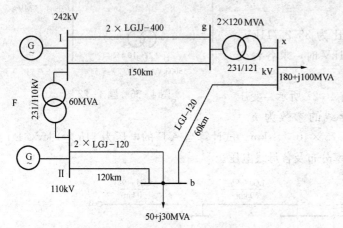

图 4 - 29　题 4 - 25 图

4 - 25　图 4 - 29 所示接线中，发电厂 F 有两台机组，Ⅱ 母线机组输出功率为 40＋j30MVA，其余功率由 Ⅰ 母线机组供给，连接 Ⅰ、Ⅱ 母线的联络变压器的容量和阻抗分别为 60MVA、$R_T = 3\Omega$，$X_T = 110\Omega$；220kV 线路末端降压变压器的总容量为 240MVA，阻抗为 $R_T = 0.8\Omega$，$X_T = 23\Omega$；220kV 线路的阻抗为 $R_T = 5.9\Omega$，$X_T = 31.5\Omega$；110kV 电力线路 Ⅱ b 段的阻抗为 $R_T = 65\Omega$，$X_T = 100\Omega$；bx 段为 $R_T = 65\Omega$，$X_T = 100\Omega$，所有阻抗数值均已归算至 220kV 侧。降压变压器电导可略去，电纳中功率与 220kV 线路电纳中功率作为一个 10Mvar 无功功率电源连接在降压变压器高压侧 g。设联络变压器变比为 231/110kV，降压变压器变比为 231/121kV，发电厂母线 Ⅰ 上电压为 242kV。试计算网络中的潮流分布。

4 - 26　已知节点导纳矩阵为

$$
\begin{bmatrix}
-j5 & 0 & j5 & 0 & 0 \\
0 & -j8 & 0 & 0 & j8 \\
j5 & 0 & -j12 & j5 & 0 \\
0 & 0 & j5 & -j10 & j4 \\
0 & j8 & 0 & j4 & -j13
\end{bmatrix}
$$

试完成：

(1) 画出网络接线示意图；

(2) 设节点 1 为平衡节点，节点 2 为 PV 节点，其余节点为 PQ 节点，写出用直角坐标的牛顿—拉夫逊法求解该系统潮流分布时的修正方程表达式（雅可比矩阵中非零元素用"＋"表示，零元素用"0"表示。方程中的其他量用相应的符号表示）。

4 - 27　系统等值电路如图 4 - 30 所示。图中参数数字为标么值；1 为平衡节点，$\dot{U}_1 = 1\angle 0°$；2 为 PV 节点，$U_2 = 1$，$P_2 = 1$；3 为 PQ 节点，$P_3 = 2$，$Q_3 = 1$。试用牛顿—拉夫逊法计算潮流。

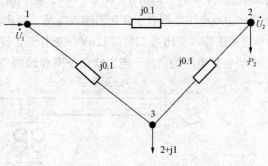

图 4 - 30　题 4 - 27 图

第五章　电力系统有功功率平衡与频率调整

第一节　概　　述

电力系统运行的根本目的是在保证电能质量的条件下，连续不断地供给用户需要的功率，实现电力系统的功率平衡，包括有功功率平衡和无功功率平衡。本章讨论有功功率平衡和频率调整。

衡量电能质量的指标有三个，其中交流电的频率 f 是重要指标。我国电力系统采用的标准频率是 50Hz，且允许有 $\pm 0.2 \sim \pm 0.5$Hz 的偏移。同样的频率偏差对不同规模的电力系统的威胁是不一样的，一般来说，规模越大的电力系统对频率控制的要求越严。

一、频率偏移的影响

频率偏移超出允许的范围将使用户遭受损失，对发电厂、电力系统本身也十分有害。例如：

（1）由于频率变化引起异步电动机转速变化，将影响用户产品质量，如纺织及造纸行业可能产生次品及废品。

频率降低还引起电动机输出功率降低，将影响电动机驱动设备的正常运行。

（2）用电源频率作时间基准的电子设备会受影响。

（3）发电厂本身有许多由异步电动机拖动的重要设备，如给水泵、循环水泵、风机等。频率降低将使它们的出力降低，造成水压、风力不足，从而使发电机组降低发电能力，进一步招致频率下降，若不采取必要措施，系统频率将不能维持。

另外，频率降低，因汽轮机处在低于额定速度的运动状态，会使汽轮机叶片产生共振，使叶片寿命降低，严重时产生断裂，造成重大事故等等。因此必须设法使系统频率保持在规定的范围内，这就要求进行频率的控制。

二、引起频率偏移的原因

电力系统中并联运行的发电机保持同步是系统维持正常运行的必要条件。同步发电机的转速由作用在转子轴上的转矩决定的。作用于转子轴上的转矩包括原动机的机械转矩和发电机的电磁转矩，前者为驱动转矩，后者为制动转矩，正常运行时两者平衡，因而转子维持同步转速运转。此时系统的频率就是额定频率。转矩与功率成正比。因此发电机在额定状态下运行时输入到发电机的机械功率和输出的电磁功率平衡，这就是电力系统的有功功率平衡。而电力系统的负荷是时刻变化的，引起发电机输出电磁功率的变化，有功功率平衡被打破了，则发电机转子的转速发生了变化。假设机械功率不变，当负荷增大时转子减速，系统的频率下降；当负荷减小时转子转速增大，系统频率上升。所以频率调整的目标就是再次建立有功功率平衡，使发电机转子的转速恢复到额定转速，系统频率达到额定频率。

三、有功功率平衡

如果要达到有功功率平衡，即发电机的机械功率等于电磁功率，那么输入到发电机的机械功率也要随负荷的变化而变化。因此要掌握负荷变化规律，用负荷预测的方法得到未来的负荷曲线，用以安排发电计划。安排发电计划就是确定各发电机在每段时间应发的功率，即进行所谓的功率分配。安排发电计划是为了做到电磁功率的平衡，即发电机发出的有功功率等于网络损耗的有功功率与用户吸收的有功负荷之和，即

$$\sum P_G = \sum P_l + \sum P_L + \sum P_Y \qquad (5-1)$$

式中　$\sum P_l$——电力系统中所有用户的有功负荷；

　　　$\sum P_L$——线路及变压器中的有功功率损耗；

　　　$\sum P_Y$——各发电厂的自用电；

　　　$\sum P_G$——发电机发出的总有功功率。

该方程在任何时刻都成立。

为了维持频率稳定，满足用户对功率的要求，电力系统装设的发电机的额定容量必须大于当前的负荷，即必须装设备用的发电设备容量，以便在发电设备、供电设备发生故障或进行检修时，以及系统负荷增长后仍有充足的发电设备容量向用户供电。

备用设备容量按用途可分成以下几种：

（1）负荷备用，指预测负荷和实际负荷不等，为了能及时向增加的负荷供电需设有备用。由于负荷预测偏差的范围可能在2％～5％范围内，因此负荷备用容量也不应小于该值。

（2）事故备用，指防止因部分机组由于系统或本身发生事故退出运行引起限制负荷，而增设的容量。其大小要根据系统中机组台数、容量、故障率及可靠性指标确定，一般取最大负荷的5％～10％，但不能小于最大一台机组的容量。

（3）检修备用，指机组必须按计划检修，一部分机组因检修退出运行时，要用检修备用容量发电。

（4）国民经济备用，指考虑国民经济各部分用电逐月、逐年上升而增加的备用容量。

上述四种备用有的处于运行状态，称为热备用或旋转备用；有的处于停机待命状态，称为冷备用。一般检修备用，国民经济备用及部分事故备用采用冷备用状态，而负荷备用及部分事故备用处于旋转备用状态。

本章所述的电力系统经济功率分配和频率调整就是在系统具有备用的前提下进行的。

第二节　负荷的频率静特性和电源的频率静特性

一、电力系统负荷的频率静特性

接入电力系统中的用电设备从系统中取用的有功功率的多少与用户的生产状态有关，与接入点的系统电压有关，还与系统的频率有关。设前两种因素不变，仅考虑负荷的有功功率随频率变化的静态关系，就称为负荷的频率静特性，如图5-1所示。其斜率

$$K_l = \frac{\Delta P_l}{\Delta f} \qquad (5-2)$$

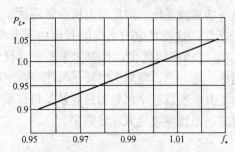

图5-1　有功负荷频率静特性

式中　K_l——称为负荷的单位调节功率，MW/Hz或 MW/0.1Hz。

负荷的单位调节功率标志了随频率的升降负

荷消耗有功功率增加或减少的多寡。它的标么值为

$$K_{l*} = K_l \frac{f_N}{P_{lN}} \tag{5-3}$$

电力系统负荷的单位调节功率 K_{l*} 大致为 1.5。负荷的单位调节效应是负荷的自然属性，不需要专门的调节设备，而发电机的单位调节效应就需要专门的设备来完成，并可以整定。

二、发电机组的功率－频率静态特性

发电机组所带的负荷变化时，发电机转速要发生改变，结果频率也随之改变。为了保持系统频率在允许的范围，就要进行速度控制。发电机的速度调节是由原动机附设的调速器来实现的，调速器分为机械式和电气液压式两大类，在早期的发电机组上安装的基本是机械式的。图 5-2 为最简单的机械式调速系统原理图。汽轮发电机组和水轮发电机组的调速系统基本相同，只是水轮发电机组的调速系统多一个缓冲机构。调速系统工作原理如下：

设在初始状态下，发电机输出功率与汽轮机出力平衡时，离心飞摆的转速不变，此时错油门保持在中间位置，油动机亦将汽门的开度保持在一定的位置上。

当发电机负荷突然增加时，原动机输入功率

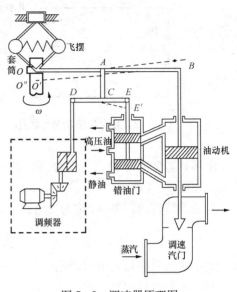

图 5-2　调速器原理图

不变，发电机轴上转矩出现不平衡，原动机转速下降，反应原动机转速的套筒转速也下降。调速器的离心飞摆，由套筒带动旋转，因转速下降，飞摆在弹簧拉力作用下相互靠拢，使 O 点下降到 O' 点，此时油动机活塞两侧压力相等，故 B 点不动。结果 OB 绕 B 点逆时针转动带动 A 点下降。因调频器不动，D 点也不动，E 点移到 E' 点，错油门被打开。高压力的油经导管进入油动机活塞下部推动活塞上移，使汽轮机调节汽门开度增大，因而增大了进汽量。随 B 点的上移，C 点也上移，又使错油门关闭，油动机活塞上移停止，调节过程结束。由于开大了汽门，转速上升，套筒由 O' 点上升至 O'' 点，但恢复不到 O 点。因为转速恢复不到原有的额定转速，故该调节系统形成如图 5-3 所示的有差调节特性。可以看出，机组频率随发电机功率增大而下降，此特性就是原动机功率－频率静态特性或称发电机功频静特性。

一般大型汽轮发电机组由空载到满载的范围内，频率约有 4% 的变化，即满载 $f_* = 1$，空载 $f_* = 1.04$。由调速器自动进行发电机组频率调整又称为一次调频。由上可知，当系统负荷发生变化，仅靠各台机组的调速器进行调频时，不能使系统频率恢复到原有额定值，这种调节称为有差调节。为使负荷增加时各机组维持额定转速需要进行二次调频，二次调频能够做到无差调节。

二次调频是通过调频器来实现的。如欲提高系统的频率，就给出一个升高频率的信号使伺服电动机旋转，带动 D 点上升，于是杠杆 DCE 以 C 点为支点而使 E 点下降，打开错油门

让压力油进入油动机下部，使油动机活塞上移，汽门开大，则原动机转速上升。离心飞摆使 O' 上到 O 点。由于油动机活塞上移，杠杆 OB 又绕 O 点逆时针转动，再次使 CE 上升，而堵住错油门小孔，调速过程结束。

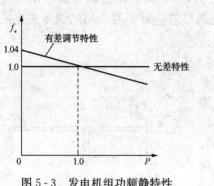

图 5-3　发电机组功频静特性

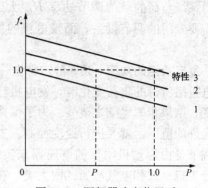

图 5-4　调频器改变位置时
功频静特性的变化

由调频器调节使 D 点上下移动，其效果是改变发电机组的功频静特性，使其平行上下移动，如图 5-4 所示。

功频静特性的斜率 R_* 称为发电机组的调差系数，表达式为

$$R_* = -\frac{\Delta f_*}{\Delta P_{G*}} \tag{5-4}$$

式中的负号表示发电机输出功率的变化和频率变化的方向相反。

调差系数也可用百分数形式表示为

$$R\% = \frac{f_0 - f_N}{f_N} \times 100 \tag{5-5}$$

式中　f_0——空载时的频率；

　　　f_N——额定负荷时的频率。

根据功频静特性可写出关系式

$$\Delta f + R\Delta P_G = 0 \tag{5-6}$$

式中　Δf——任意两频率之差；

　　　ΔP_G——此两频率下的功率之差。

调差系数 R_* 的倒数

$$K_{G*} = \frac{1}{R_*} = -\frac{\Delta P_{G*}}{\Delta f_*} \tag{5-7}$$

称为原动机功频静性系数，也称为发电机的单位调节功率。换成有名值时为

$$K_G = -\frac{\Delta P_G}{\Delta f} \tag{5-8}$$

由 $K_G = K_{G*} \dfrac{P_{GN}}{f_N}$ 及 $\Delta P_G = -K_G \Delta f$ 得

$$\Delta P_G = -K_{G*} \frac{\Delta f}{f_N} P_{GN}$$

由于调速器不同，K_{G*} 也不同，对汽轮发电机约为 33.3～20，水轮发电机约为 50～25。

当系统中有 n 台机装有调速器时，要计算全系统的平均调差系数 R_{G*}。当频率发生 Δf

变化时，各发电机组的功率变化 ΔP_{Gi} 为

$$\Delta P_{Gi} = -K_{Gi}\Delta f \qquad (i=1,2,\cdots,n)$$

系统的发电功率变化为

$$\Delta P_{G\Sigma} = \sum_{i=1}^{n} \Delta P_{Gi} = -\sum_{i=1}^{n} K_{Gi}\Delta f = -K_{G\Sigma}\Delta f = -\frac{1}{R_{G\Sigma}}\Delta f$$

因此系统发电机的单位调节功率为

$$K_{G\Sigma} = \sum_{i=1}^{n} K_{Gi}$$

用标幺值计算时为

$$K_{Gi} = K_{Gi*}\frac{P_{GiN}}{f_{N}}$$

故
$$K_{G\Sigma} = \frac{1}{f_{N}}\sum_{i=1}^{n} K_{Gi*}P_{GiN}$$

系统的发电调差系数为
$$R_{G\Sigma} = \frac{1}{K_{G\Sigma}}$$

当发电机满载时，其 $K_{G}=0$，发电机没有增加发电功率的空间了。

第三节　电力系统的频率调整

　　虽然在第一章将系统中负荷随时间而变化的规律以阶梯形负荷曲线表示，但实际上系统中的负荷无时无刻不在变动。它的实际变动规律如图5-5所示 P_{Σ} 曲线。它大致可分解成三种不同功率变化幅值和周期的曲线，或者说电力系统负荷 P_{Σ} 是由三种成分合成的。第一种成分 P_1 幅值最小，周期最短，主要是由于中小型用电设备的投入切除引起，带有很大的随机性。第二种成分 P_2 幅度较大，周期较长，属于这一部分的负荷主要有电炉、压延机械、电气机车等带有冲击性的负荷变动。第三种负荷 P_3 是日负荷曲线的基本部分，它由工厂的作息制度、人们的生活规律和气象条件的变化等所决定。P_3 可通过研究过去的负荷资料和负荷的变化趋势加以预测。

　　据此，电力系统的有功功率和频率调整大体上也可分一次、二次、三次调整三种。一次调整或频率的一次调整指由发电机组的调速器进行的、对第一种负荷变动

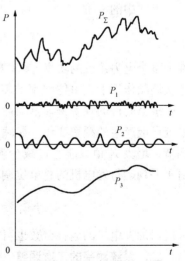

图5-5　有功功率负荷的变化曲线

引起的频率偏移的调整。二次调整或频率的二次调整指由发电机的调频器进行的、对第二种负荷变动引起的频率偏移的调整。三次调整的名词不常用，它其实就是按最优化准则分配第三种有规律变动的负荷，即责成各发电厂按事先给定的发电负荷曲线发电。

一、系统频率的一次调整

　　为清楚说明一次调频概念，首先假定系统只有一台发电机，相应的汽轮机装有调速器。进行一次调频时，调速器动作，调频器不动作。

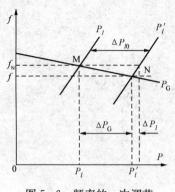

图 5 - 6　频率的一次调节

发电机功频静特性如图 5 - 6 中的曲线 P_G，负荷功率频率静特性为曲线 P_l。其交点 M 是初始运行点，此时的系统负荷 P_l 与发电机输出功率相平衡，系统频率为 f_N。

若系统负荷增加 ΔP_{l0}，负荷功频静特性变为 P'_l 曲线，因调频器不动作发电机功频静特性不变，新的交点 N 即为新的运行点。此时负荷变成 P'_l，频率为 f。频率变化为

$$\Delta f = f - f_N$$

根据式（5 - 8）算出发电机功率增加量为

$$\Delta P_G = -K_G \Delta f \qquad (5 - 9)$$

负荷本身的调节作用改变了有功功率的消耗

$$\Delta P_l = K_l \Delta f \qquad (5 - 10)$$

因为 f 下降，Δf 是负值，所以 ΔP_l 本身是负值，故对发电机而言，系统的负荷增量实际为

$$\Delta P_{l0} - \Delta P_l = \Delta P_G$$

把式（5 - 5）、式（5 - 6）引入后得

$$\Delta P_{l0} = -K_G \Delta f - K_l \Delta f = -(K_G + K_l)\Delta f = -K \Delta f$$

上式表明：系统负荷增加时，一方面通过发电机有差调整增加输出功率，另一方面系统负荷本身也要按负荷的功频静特性降低从系统取用的功率，因此调节是由发电机和负荷共同完成的。

上式中的 K 值

$$K = K_G + K_l = -\frac{\Delta P_{l0}}{\Delta f}$$

称为整个电力系统的功率-频率静态特性系数，或称电力系统的单位调节功率。它说明，在一次调频作用下，单位频率的变化可能承受多少系统负荷的变化。因而，当已知 K 值时，可以根据允许的频率偏移范围计算出系统能够承受负荷变化范围，或者根据负荷变化计算出系统可能产生的频率变化。显然 K 值大，负荷变化引起的频率变化的范围就小。因 K_l 不能调节，增大 K 值只能通过减少调差系数解决。但是调差系数过小，将使系统工作不稳定。由于并列运行发电机的总单位调节功率为

$$K_{G\Sigma} = K_{G1} + K_{G2} + \cdots + K_{GN} = \sum_{i=1}^{n} K_{Gi}$$

因而增加发电机的运行台数也可提高 K 值。但是运行的机组多，效率降低，经济性较差。

二、系统频率的二次调整

电力系统负荷变化引起的频率变化，仅依靠一次调频是不能消除的，需要通过二次调频才能解决。二次调频就是以手动或自动方式调节调频器，平行移动发电机的功频静特性，以达到调频目的。

电力系统中各发电机均装有调速器，所以每台运行机组都参与一次调频（除了机组已满载）。二次调频则不同，一般只是选定系统中部分电厂的发电机担任二次调频。负有二次调频任务的电厂称为调频厂。调频厂又分成主调频厂及辅助调频厂。只有在主调频厂调节后，系统频率仍不能恢复正常时，才起用辅助调频厂，而非调频厂按分配的负荷发电。选择调频

厂要考虑以下条件：

（1）机组要有足够的调节能力及范围；

（2）要有较快的调节速度；

（3）运行经济。

水轮发电机调节范围大，一般可达额定容量的 50%，而且调节速度快，在枯水期可充分利用限定的水量，所以如不是距负荷中心很远，可选水电厂作调频厂。水电厂容量不足，或丰水期时，需要选火电厂作调频厂。根据以上条件，一般选靠近负荷中心的装有中温、中压机组的火电厂为调频厂。

下面仍以只有一台发电机的系统，说明二次调频的过程。

如图 5-7 所示，初始运行状态时，发电机功频静特性与负荷频率静特性相交于 A 点。系统负荷增加 ΔP_{l0} 时，两个功频静特性交于 B 点，频率由 f_N 降为 f'，变化范围为

$$\Delta f = f' - f_N$$

二次调频通过调频器的作用将发电机功频静特性移到 P_G' 处，运行点移到 D 点，此时系统的频率回升到 f''。与初始运行点比较，频率降低

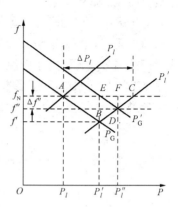

$$\Delta f = f'' - f_N$$

系统负荷的增量 ΔP_{l0} 由三部分调节功率对它进行了平衡：

图 5-7 频率的二次调节

（1）由一次调频的作用增发的功率 $-K_G\Delta f$（见图 5-7）上的 $\overline{EF}$ 线段；

（2）由二次调频作用增发的功率 $\Delta P_{G0} = \overline{AE}$ 线段；

（3）系统负荷按功率频率静特性自身调节少取用的功率 $-K_l\Delta f = \overline{FC}$ 线段。所以

$$\Delta P_{l0} = \Delta P_{G0} - K_G\Delta f - K_l\Delta f \tag{5-11}$$

改写成

$$\Delta P_{l0} - \Delta P_{G0} = -(K_G + K_l)\Delta f = -K\Delta f \tag{5-12}$$

上述两式为具有二次调频的功率平衡方程式。上式又可写成

$$\Delta f = -\frac{\Delta P_{l0} - \Delta P_{G0}}{K} \tag{5-13}$$

上述分析表明，二次调频提高了发电机的发电功率，减少了频率的下降，因而是调频的重要手段。由上式可见，当二次调频增发的功率 ΔP_{G0} 与系统的负荷增量 ΔP_{l0} 相同时，频率将始终不变，即 $\Delta f = 0$，此时所对应的就是无差调节。

当系统中有多个调频厂时，公式（5-11）~式（5-13）仍然成立，所不同的只是公式中的 ΔP_{G0} 为各调频厂增发功率的和。

第四节 电力系统有功功率经济分配

电力系统中有功功率的最优分配有两个内容，即有功功率电源的最优组合和有功功率负荷的经济分配。

有功功率电源的最优组合指的是系统中发电设备或发电厂的合理组合，也就是通常所谓机

组的合理开停。它大体上包括：机组的最优组合顺序、机组的最优组合数量和机组的最优开停时间三个部分。因此，简言之，这一方面涉及的是电力系统中冷备用容量的合理分布问题。

在承担系统负荷时，各类电厂的合理顺序应根据各类电厂的技术特点，运用效率优先原则进行安排，以达到经济合理地利用国家资源的目的。

在有水电厂的系统，应充分合理地利用水利资源，避免弃水。无调节水库水电厂的全部功率和有调节水库水电厂的强迫功率应首先投入，置于负荷曲线的底部。有调节水库的水电厂的可调功率在丰水季节应优先投入，在枯水季节则应承担高峰负荷。

核电厂一次投资大，运行费小，建成后应及时投入，应持续承担额定容量的负荷，在接近负荷曲线的底部运行。

对于火电厂应力求降低单位功率煤耗，优先投入高效的高温高压机组。一般在负荷曲线的腰荷处运行，并力求降低火电厂的成本，增加燃用当地劣质煤，并使这类电厂处于负荷曲线腰荷的部分运行。对于中温中压机组，虽然效率低于高温高压机组，但可调功率较大，在丰水季节可代替水电厂的可调功率部分运行。

各类发电厂的组合顺序示意图如图 5-8 所示。

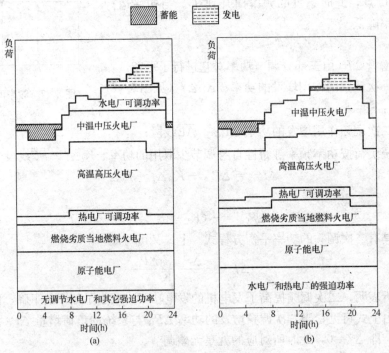

图 5-8 各类发电厂的组合顺序示意图
(a) 枯水季节；(b) 丰水季节

有功功率负荷的经济分配指的是系统的有功功率负荷在各个正在运行的发电设备或发电厂之间的合理分配。这方面涉及的是电力系统中热备用容量的合理分布问题。

一、目标函数和机组耗量特性

电力系统中的发电机组的经济运行特性是各不相同的，有的效率高，消耗能源少，有的效率低，耗能多，而且距用电中心的距离也不等。在如此千差万别的机组之间怎样将系统有功负荷分摊给各机组，才能使电力系统总的能源消耗最低，这就是电力系统经济运行的任务。

（一）目标函数和约束条件

电力系统经济运行又称经济调度，属最优化问题，在数学上可表达为在等约束条件

$$h(x,u,d) = 0$$

和不等约束条件

$$g(x,u,d) \leqslant 0$$

限制下，使目标函数

$$F = F(x,u,d)$$

达到最小值。

式中　x——状态变量；

　　　u——控制变量；

　　　d——扰动变量。

针对我们讨论的经济功率分配问题，等约束条件就是电力系统的功率平衡方程式。不等约束条件一般指的是发电机发出的功率和各节点电压的幅值不能超过规定值的上、下限等。目标函数则与发电机组的能源消耗特性有关。

（二）发电机组的耗量特性

发电机组在单位时间内，消耗的能源与发出的有功功率的关系称为机组的耗量特性，它是实现发电机组间经济功率分配的基础。

耗量特性常以曲线表示，对于火电厂，若机组为锅炉、汽轮机、发电机组成的单元式机组，可直接做出每套机组的耗量特性。若为母管式电厂，则需要做出各台锅炉的耗量特性以及各台汽轮机、发电机组的耗量特性，然后做出锅炉以及汽轮机－发电机组各种组合的耗量特性。耗量特性的纵坐标为单位时间内消耗的燃料数量，通常为每小时消耗的标准煤的吨数，横坐标为发电机输出的功率。火电机组耗量特性见图 5 - 9。水电机组耗量特性见图 5 - 10。水轮发电机输出功率计算公式为

$$P = 9.81Q_\mathrm{h}H\eta$$

式中　P——发电机输出功率，kW；

　　　Q_h——水流量，$\mathrm{m^3/s}$；

　　　H——水头，m；

　　　η——水轮发电机组的综合效率。

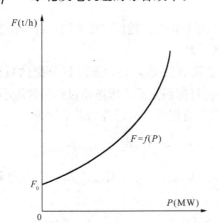

图 5 - 9　火电机组的耗量特性

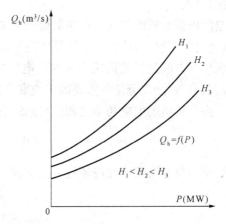

图 5 - 10　水电机组的耗量特性

水轮发电机的输出功率不仅与 H 有关，且与 Q_h 有关。当水头 H 一定时，P 随 Q_h 变化形成一条曲线。水头 H 不同时，输出功率 P 与 Q_h 形成一组曲线，见图 5 - 10。一般水电厂水库容量较大，在短期内（如一天内）可认为水头不变，此时耗量特性为一条曲线。

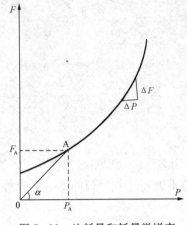

图 5 - 11　比耗量和耗量微增率

如图 5 - 11 所示，耗量特性曲线上任一点 A 与原点的连线的斜率为

$$\operatorname{tg}\alpha = \frac{F_A}{P_A} = \varepsilon$$

它表示发电机组发出单位功率时能源的消耗量，称为单位耗量或比耗量 ε。当把坐标以同样单位表示时，其倒数表示运行在 A 点时机组的效率。

耗量特性上任一点 B 的切线的斜率

$$\lambda = \frac{\Delta F}{\Delta P} = \frac{\mathrm{d}F}{\mathrm{d}P}$$

称为机组耗量微增率。

比耗量与耗量微增率具有相同的单位，但两者概念不同；对于耗量特性曲线上的同一点，两数值一般也不相等。只有从原点向耗量特性做切线得到的切点上，才有 $\lambda = \varepsilon$，在该点比耗量最小。一般在机组的额定功率附近，此点为 ε_{min} 点。

耗量特性用数学公式表示时是一个多项式

$$F = a + bP + cP^2 + \cdots$$

式中　a、b、c——常系数。

根据工程计算精度的要求，常用二次曲线来表示耗量特性，即

$$F = a + bP + cP^2 = F(P)$$

当然这是近似的表示方式，但是这样会给计算带来很大方便。

二、等耗量微增率准则

先研究有若干个发电机组的火电厂内部有功功率的最优分配，然后将结论扩展到系统中不计网损的火电厂与水电厂之间的有功功率最优分配，以及计及网损的发电厂之间的有功功率的最优分配。

火电厂内多台机组并列运行向负荷供电时，由于各机组耗量特性不同，每台机发出的功率应按经济功率分配方法确定，这样才能使能源消耗最小。

设电厂内并联运行的机组有 n 台，电厂的总负荷为 P_l，每台发电机分配的负荷为 P_i，欲使 P_i 符合经济功率分配，需要确定约束条件、目标函数后，求解使目标函数最小的条件。

电厂内各机组的发电功率之和应与总的电厂负荷相等，所以等约束条件为

$$P_l = P_1 + P_2 + \cdots + P_n = \sum_{i=1}^{n} P_i$$

运行中各机组功率不允许超过其上下限 P_{imin}、Q_{imin}、P_{imax}、Q_{imax}，所以不等约束条件为

$$P_{imin} \leqslant P_i \leqslant P_{imax}$$

$$Q_{imin} \leqslant Q_i \leqslant Q_{imax}$$

若已知各机组的耗量特性为 $F_1(P_1), F_2(P_2), \cdots, F_n(P_n)$，发电厂总的煤耗量为

$$F = F_1(P_1) + F_2(P_2) + \cdots + F_n(P_n) = \sum_{i=1}^{n} F_i(P_i)$$

此即目标函数。

求目标函数的最小值，在数学上是求多元函数的条件极值。可以应用拉格朗日乘法求解，为此要列写出拉格朗日方程

$$L = F + \lambda\left(P_l - \sum_{i=1}^{n} P_i\right)$$

式中　λ——拉格朗日乘子。

这样变换后，把求目标函数的极小值转化为求拉格朗日函数 L 的极小值，使 L 函数有极值的必要条件为

$$\frac{\partial L}{\partial P_i} = \frac{\partial F}{\partial P_i} + \lambda\frac{\partial\left(P_l - \sum_{i=1}^{n} P_i\right)}{\partial P_i} = 0 \qquad (i = 1,2,3,\cdots,n)$$

进而得

$$\frac{\partial F_i}{\partial P_i} - \lambda = 0 \text{ 或} \frac{\partial F_i}{\partial P_i} = \lambda \qquad (i = 1,2,3,\cdots,n) \qquad (5\text{-}14)$$

展开后写成

$$\frac{\partial F_1}{\partial P_1} = \frac{\partial F_2}{\partial P_2} = \cdots = \frac{\partial F_n}{\partial P_n} = \lambda \qquad (5\text{-}15)$$

该式是拉格朗日函数极值存在的条件,由于耗量特性通常都是上凹曲线,极值存在的条件也就是极小值存在的条件。故式(5-14)就是各机组间最优经济功率分配的条件。该条件表明:按各机组微增率$\frac{\partial F_i}{\partial P_i}=\lambda$相等的原则分配发电机发电功率,能源消耗就最小,故称为等耗量微增率准则。

关于等耗量微增率分配准则的物理意义,可通过只有两台发电机的电厂加以说明。如图5-12所示,Ⅰ、Ⅱ两条曲线分别是1号机与2号机的耗量特性。电厂总负荷 P_l 以 OO' 表示,垂直 OO' 的直线与 OO' 交点确定了1号机与2号机的功率分配分别是 P_1、P_2,满足功率平衡关系

$$P_1 + P_2 = P_l$$

垂线与两条耗量特性的交点 B_1、B_2 的纵坐标之和

$$F = F_1(P_1) + F_2(P_2)$$

代表了两台发电机总的燃料消耗。平行移动垂线 B_1B_2,可得到各种不同的功率分配方案,每种方案燃料总消耗量不同,B_1B_2 的长度最短分配方案与耗量最小相对应,可以看出,只有 B_1、B_2 两点的切线平行时,B_1B_2 的长度才最小。B_1、B_2 两点的切线平行就意味着两台发电机的微增率相等,即$\frac{dF_1}{dP_1}=\frac{dF_2}{dP_2}$。

假设运行中两台机微增率不等,如令$\frac{dF_1}{dP_1}<\frac{dF_2}{dP_2}$,因1号要增加 ΔP_1 的输出功率必然要等量减少2号机的输出功率 ΔP_2,因此可得到

$$|\Delta F_1| = \left|\frac{dF_1}{dP_1}\Delta P_1\right| < |\Delta F_2| = \left|\frac{dF_2}{dP_2}\Delta P_2\right|$$

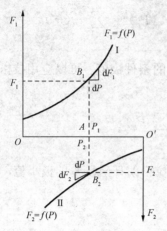

图 5-12 等耗量微增率
分配准则的物理意义

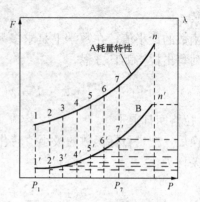

图 5-13 机组的微增率特性

该不等式表明,增加 1 号机的输出功率而增加的燃料消耗小于 2 号机减少同样功率节省的燃料消耗,故增加 1 号机的输出功率,减少 2 号机的输出功率将能减少总的燃料消耗。直到两机运行点微增率相等后,由于改变两台机的功率将出现 $|\Delta F_1| = |\Delta F_2|$,总的燃料消耗不再减少。

按照等耗量微增率准则分配发电机功率时,为了使用方便常绘制出发电机组耗量特性的微增率曲线,如图 5-13 所示。A 曲线为以燃料费用表示的耗量特性曲线。求出 A 曲线上 1、2……各点切线的斜率,即微增率。令纵坐标的另一个标度为 λ,将求出的各点的微增率标在图上得到 $1'、2'$,……各点,连接这些点即可得到燃料费用表示的微增率曲线 B。掌握了各机组的微增率曲线后,将能很方便地分配各机组的功率。下面给出按等耗量微增率准则确定各台发电机的发电功率的图解法。

设发电厂有三台发电机,它们的微增率特性如图 5-14 所示。分别为 A、B、C 三条曲线,D 曲线为根据这三条曲线作出的综合微增率曲线,其横坐标为对应同一 λ 值条件下三台发电机组功率之和($P_1 + P_2 + P_3$),纵坐标仍为微增率。例如指定一个 λ_1 值从 A、B、C 三条曲线上可以确定三个功率 $P_1、P_2、P_3$,从而求出 $P_{\Sigma 1} = \sum_{i=1}^{3} P_i$。($\lambda_1, P_{\Sigma 1}$)确定了 D 曲线上的一个点。同理,依次指定 λ_2, λ_3……等值,就能确定出 D 曲线上的许多点。连接这些点就能得到 D 曲线。

已知发电厂总负荷为 P_l 时,求分配给各台机的负荷。首先在曲线的横坐标上找到 P_l 值,从该点作垂线得到与 D 曲线的交点,对应交点的纵坐标上确定出 λ 值;从 λ 值作平行横轴的直线,可在 A、B、C 曲线上得到相应的交点,各交点在横轴上的坐标 $P_{A3}、P_{B3}、P_{C3}$ 就是各机的经济分配负荷,见图 5-14。

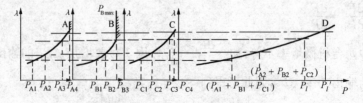

图 5-14 按等耗量微增率分配负荷

若发电厂的负荷为图中的 P'_l，按上述步骤分配各发电机的负荷时，由图 5 - 14 可见，等耗量微增率水平直线与 B 机组微增率特性交于有阴影线的部分，该处表示 B 机组的最大允许发电功率 $P_{B\max}$。这是 B 机组的不等式约束条件，为了不超过这一约束条件，B 机组只能按 $P_{B\max}$ 发电，其余部分 $P'_l - P_{B\max}$，在 A、C 机组间进行分配。图 5 - 14 中的 P_{A4}，P_{C4}，即为分配给 A、C 机组的负荷。这里清楚地看到了约束条件的作用。

假定已知发电机的耗量特性是用二次曲线表示的解析式，机组间的最优经济功率分配，可通过数学方法求解。下面举例说明。

【例 5 - 1】　已知某水电厂有两台机组，其耗量特性为
$$Q_1 = 0.01P^2 + 1.2P + 25$$
$$Q_2 = 0.015P^2 + 1.5P + 10$$
每台机组的额定容量均为 100MW，当按额定容量发电时，耗水量分别为 $Q_{h1} = 245\text{m}^3/\text{s}$，$Q_{h2} = 310\text{m}^3/\text{s}$。

试求：(1)电厂负荷为 120MW 时，两台机如何经济分配负荷。

(2)当一台机运行时，电厂负荷在什么范围内采用 2 号机最经济。

解　(1)先求两台机组的微增率
$$\frac{\mathrm{d}Q_1}{\mathrm{d}P_1} = 0.02P_1 + 1.2, \qquad \frac{\mathrm{d}Q_2}{\mathrm{d}P_2} = 0.03P_2 + 1.5$$

根据等耗量微增率准则有
$$0.02P_1 + 1.2 = 0.03P_2 + 1.5$$

因 $P_1 + P_2 = 120\text{MW}$，解两方程式，得
$$P_1 = 78\text{MW}, \qquad P_2 = 42\text{MW}$$

(2)两台机耗量特性的交点，也就是水耗量相同点，是选择运行方案的转折点，所以求出交点的功率就能得知什么情况下采用 2 号机更经济。由两条耗量特性建立方程式
$$0.01P^2 + 1.2P + 25 = 0.015P^2 + 1.5P + 10$$

简化成
$$P^2 + 60P - 3000 = 0$$

解方程式可得
$$P = 32.45\text{MW}$$

由耗量特性可知，2 号机耗量特性在 0～32.45MW 之间低于 1 号机耗量特性，因此负荷在 0～32.45MW 时调用 2 号机最经济。

等耗量微增率分配准则不仅可用于同一发电厂各机组间的负荷分配，同样可应用于系统中只有火电厂或只有水电厂，且不计网络损耗时各电厂间的经济功率分配。

三、不计网损时水、火电厂间经济功率分配

电力系统往往不仅有火电厂，也包含有水电厂。火电厂发电一般不受燃料的约束，而水电厂发电却受到在一定时间内允许用水量的限制。允许用水量一方面取决于由水文情况决定的水库来水量，另一方面取决于下游工业、农业的用水要求，这两者均与天气情况、季节变化有密切关系。例如一年中有丰水期和枯水期。枯水期允许使用的水量少，丰水期允许使用的水量多，总之在一定的时期段内(如一天、一周或一个月)，可用于发电的水量是一定的。只有在洪峰期，用水才不限。所以水、火电厂间的经济功率分配问题的提法是：在满足系统负荷需要及

保证电能质量的条件下,在限定的时间内充分、合理利用允许使用的水量发电,使得系统消耗的燃料最少或是运行费用最低。

由此可见,这时考虑的是一个时间段内的经济运行问题,在此期间认为各水库水头无变化。

这里只考虑不计电力网损耗的情况。设系统中有 n 个火电厂,m 个水电厂,火电厂的耗量特性以 $F_i(P)$ 表示,水电厂的耗量特性以 $Q_j(P)$ 表示,其中 $i=1,2,\cdots,n;j=1,2,\cdots,m$。

在 $0\sim T$ 时间内,等约束条件之一为功率平衡方程,在该时间段内系统负荷是变化的,可用 $P_l(t)$ 表示。功率平衡方程式可写成

$$\sum_{i=1}^{n} P_i(t) + \sum_{j=1}^{m} P_j(t) = P_l(t) \tag{5-16}$$

式中　$P_i(t)$——第 i 个火电厂在 t 时间发出的功率;

　　　　$P_j(t)$——第 j 个水电厂在 t 时间发出的功率。

式(5-16)改写成能量平衡方程得到

$$\int_0^T \Big[\sum_{i=1}^{n} P_i(t) + \sum_{j=1}^{m} P_j(t) - P_l(t) \Big] dt = 0 \tag{5-17}$$

另一个等约束条件是 $0\sim T$ 时间段内每个水电厂的用水量应与该时间段内每个水电厂的允许用水量 W_j 相等。对第 j 个水电厂,其关系可表示为

$$W_j = \int_0^T Q_j dt \tag{5-18}$$

式中　W_j——j 水电厂在 $0\sim T$ 时间段允许的用水量;

　　　　Q_j——j 水电厂单位时间的用水量。

假定水头不变,Q_j 表达为电厂发电功率 P_j 的一元函数 $Q_j(P_j)$,式(5-18)又可写成

$$\int_0^T Q_j dt - W_j = \int_0^T Q_j P_j(t) dt - W_j = 0 \tag{5-19}$$

暂且不顾及不等约束条件。目标函数应是燃料耗量最小,即

$$F_\Sigma = \int_0^T \sum_{i=1}^{n} F_i[P_i(t)] dt = \min \tag{5-20}$$

式中　$F_i[P_i(t)]$——第 i 火电厂单位时间的燃料消耗,是功率的函数。

这是一个求泛函条件极值问题,一般需用变分方法求解,但用分段法处理后,可作为求一段函数条件极值来处理,可用拉格朗日乘数法解决。

设把计算时间 T 分成 s 个短的时间段,每段的时间为 Δt_k,近似认为在该短时间段内系统负荷保持恒定,式(5-16)的功率等约束条件以每个时间段表示成

$$\sum_{i=1}^{n} P_{ik} + \sum_{j=1}^{m} P_{jk} - P_{lk} = 0 \qquad (k=1,2,\cdots,s) \tag{5-21}$$

这样的约束方程有 s 个。以能量形式表示为

$$\Big(\sum_{i=1}^{n} P_{ik} + \sum_{j=1}^{m} P_{jk} - P_{lk} \Big) \Delta t = 0 \tag{5-22}$$

水量等约束条件式(5-19)可写成

$$\sum_{k=1}^{s} Q_{jk} \Delta t_k - W_j = \sum_{k=1}^{s} Q_{jk}(P_{jk}) \Delta t_k - W_j = 0 \tag{5-23}$$

这样的约束方程有 $j=m$ 个, 所以等约束方程共有 $s+m$ 个。目标函数又可表示成

$$\sum_{k=1}^{s} \left(\sum_{i=1}^{n} F_{ik}(P_k) \Delta t_k \right) = \min \tag{5-24}$$

应用拉格朗日乘数法列出拉格朗日方程

$$L = \sum_{k=1}^{s} \left[\sum_{i=1}^{n} F_{ik}(P_{ik}) \Delta t_k \right] - \sum_{k=1}^{s} \lambda_k \left[\sum_{i=1}^{n} P_{ik} + \sum_{j=1}^{m} P_{jk} - P_{lk} \right] \Delta t_k + \gamma_j \left[\sum_{k=1}^{s} Q_{jk}(P_{jk}) \Delta t_k - W_j \right] \tag{5-25}$$

该式中的变量为 P_{ik}、P_{jk}、λ_k、γ_j 共有 $(n+m+1)s+m$ 个。将拉格朗日方程对每个变量求导并令其为零, 可得到同样数目的方程

$$\frac{\partial L}{\partial P_{ik}} = \frac{\partial F_{ik}}{\partial P_{ik}} \Delta t_k - \lambda_k \Delta t_k = 0 \tag{5-26}$$

$$\frac{\partial L}{\partial P_{jk}} = \gamma_j \frac{\partial Q_{jk}}{\partial P_{jk}} \Delta t_k - \lambda_k \Delta t_k = 0 \tag{5-27}$$

$$\frac{\partial L}{\partial \lambda_k} = - \left(\sum_{i=1}^{n} P_{ik} + \sum_{j=1}^{m} P_{jk} - P_{lk} \right) \Delta t_k = 0 \tag{5-28}$$

$$\frac{\partial L}{\partial \gamma_j} = \left(\sum_{k=1}^{s} Q_{jk} \Delta t_k - W_j \right) = 0 \tag{5-29}$$

$$i=1, 2, \cdots, n; \ k=1, 2, \cdots, s; \ j=1, 2, \cdots, m$$

式 (5-28)、式 (5-29) 为原等约束条件。式 (5-26)、式 (5-27) 则可以写成

$$\frac{\mathrm{d}F_{ik}}{\mathrm{d}P_{ik}} = \gamma_j \frac{\mathrm{d}Q_{jk}}{\mathrm{d}P_{jk}} = \lambda_k \tag{5-30}$$

式中　λ_k——在 Δt_k 时间段火电厂的微增率, $\lambda_k = \dfrac{\mathrm{d}F_{ik}}{\mathrm{d}P_{ik}}$;

$\dfrac{\mathrm{d}Q_{jk}}{\mathrm{d}P_{jk}}$——水电厂 j 在 Δt_k 时段的微增率。

式中的 γ_j 可写成 $\gamma_j = \dfrac{\dfrac{\mathrm{d}F_{ik}}{\mathrm{d}P_{ik}}}{\dfrac{\mathrm{d}Q_{jk}}{\mathrm{d}P_{jk}}}$, 分子及分母同乘一个功率增量 ΔP 可得

$$\gamma_j = \frac{\Delta F_{ik}}{\Delta Q_{jk}}$$

由于 ΔF_{ik} 单位为 t/h, ΔQ_{jk} 单位为 m^3/h, 故 γ_j 是水电厂和火电厂在相同功率增量时, 用一个立方米的水电厂水量相当于火电厂消耗 γ_j 吨的燃料, 所以 γ_j 称为水煤换算系数。它不是一个常数, 随着允许用水量的多少而变化, 丰水期小, 枯水期大。

式 (5-30) 说明各火电厂之间的分配仍是按微增率原则分配功率。水电厂与火电厂之间只是按水电厂微增率再乘以 γ_j 后分配, 所以整个系统仍可视为按等耗量微增准则进行分配。

具体进行分配计算时, 由于 γ_j 事先未知, 首先需要设定一个初值 γ_j, 初值选取时在枯水期可以取较大值, 丰水期较小值。第二步做分配计算, 求出各水电厂不同时段的负荷。第三步根据求出的水电厂的负荷计算出 T 时间内的用水量 $W_j^{(k)}$, 并与允许的用水量 W_j 比较, 若

$$|W_{jT}^{(k)} - W_j| < \varepsilon (\text{给定的小数}) \tag{5-31}$$

成立，则结束计算。否则需对 γ_j 进行修正。若

$$W_{jT}^{(k)} > W_j \qquad (5\text{-}32)$$

则增大 γ_{j0}，然后返回第二步重新计算。若

$$W_{jT}^{(k)} < W_j \qquad (5\text{-}33)$$

则减少 γ_{j0}，重新从第二步计算，直到式（5-31）成立为止。

【例 5-2】 已知电力系统中只有一个火电厂，一个水电厂。火电厂的耗量特性为 $F = 3 + 0.3P_G + 0.0015P_G^2$（t/h），水电厂的耗量特性为 $Q = 5 + P_{GH} + 0.002P_{GH}^2$（$m^3/s$），水电厂日用水量恒定为 $W = 1.5 \times 10^7 m^3$，系统日负荷曲线如图 5-15。火电厂容量为 900MW，水电厂容量为 400MW。求在给定的用水量下，水、火电厂间的有功功率经济分配方案。

解 由负荷曲线可知，0～8h 及 18～24h 负荷为 600MW，8～18h 负荷为 1000MW。

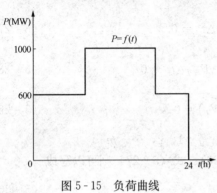

图 5-15 负荷曲线

各厂的微增率为 $\dfrac{dF}{dP_G} = 0.3 + 0.003P_G$，$\dfrac{dQ}{dP_{GH}} = 1 + 0.004P_{GH}$。根据等耗量微增率准则有

$$0.3 + 0.003P_G = \gamma_H(1 + 0.004P_{GH})$$

由于 γ_H 未知，首先设定 $\gamma_H = 1$ 代入求解。

在 0～8 及 18～24h，$0.3 + 0.003P_G = 1 + 0.004P_{GH}$，$P_G + P_{GH} = 600$，解得

$$P_{GH} = 157.1\text{MW}, P_G = 442.9\text{MW}$$

在 8～18h，$0.3 + 0.03P_G = 1 + 0.004P_{GH}$，$P_G + P_{GH} = 1000\text{MW}$，解得

$$P_{GH} = 328.57\text{MW}, P_G = 671.43\text{MW}$$

将上述计算结果代回到水电厂耗量特性验算用水量。

0～8h 及 18～24h，用水量为

$Q_1 = 5 + P_{GH} + 0.002P_{GH}^2 = 5 + 157.1 + 0.002 \times 157.1^2 = 211.46$（$m^3/s$）

$W_1 = 211.46 \times 14 \times 3600 = 10657584$（$m^3$）

8～18h 用水量为

$Q_2 = 5 + 328157 + 0.002 \times 328.57^2 = 549.5$（$m^3/s$）

$W_2 = 549.5 \times 10 \times 3600 = 19782000$（$m^3$）

全天总用水量为

$W = W_1 + W_2 = 10657584 + 19782000 = 30439584$（$m^3$）

因 $W > 1.5 \times 10^7 m^3$，需增加 γ_H 的值重新计算，多次重复计算结果列于表 5-1。

表 5-1　　　　　　　　　　　　　　　　计 算 结 果

γ_H	0～8h 及 18～24h		8～18h		W（m^3）
	P_{G1}（MW）	P_{GH1}（MW）	P_{G2}（MW）	P_{GH2}（MW）	
1.4	518.6	81.39	739.1	220.9	16667359
1.45	526.1364	73.8636	789.77	210.23	15454980
1.47	529.054	70.946	793.92	206.08	14990904
1.4696	528.99622	71.00378	793.8368	206.1632	15000892
1.469635	529.002	70.998	793.844	206.156	15000092

最后分配方案为 $\gamma_H = 1.47$，计算结果：

$0 \sim 8h$，$8 \sim 24h$ 为 $\left.\begin{array}{l} P_{G1} = 529.054\text{MW} \\ P_{GH1} = 70.946\text{MW} \end{array}\right\}$；

$8 \sim 18h$ 为 $\left.\begin{array}{l} P_{G2} = 793.92\text{MW} \\ P_{GH2} = 206.08\text{MW} \end{array}\right\}$。

四、计及网损时水、火电厂间经济功率分配

以上的分析都是在不计电力网损耗的条件下进行的。发电厂通过电力网向用户送电时，不可避免地会有电能损耗，发电厂间分摊的负荷不同，电力网中的损耗也不相同。当网络损耗较大，例如系统中有长距离重载线路时，电力网电能损耗的影响就不可忽视，此时在系统中分配负荷就不仅要考虑发电机组的耗量特性，而且要考虑电厂负荷分配时，电力网功率和电能损耗的影响。

计及电力网功率损耗时，等约束条件改为

$$\left.\begin{array}{l} \sum_{i=1}^{n} P_{ik} + \sum_{j=1}^{m} P_{jk} - P_{lk} - \Delta P_{Lk} = 0 \\ \left(\sum_{i=1}^{n} P_{ik} + \sum_{j=1}^{m} P_{jk} - P_{lk} - \Delta P_{Lk}\right)\Delta t_k = 0 \end{array}\right\} \tag{5-34}$$

以及

$$\sum_{k=1}^{s} Q_{jk}(P_k)\Delta t - W_j = 0 \tag{5-35}$$

不等式约束条件为，对火电厂

$$\left.\begin{array}{l} P_{ik\max} \geqslant P_{ik} \geqslant P_{ik\min} \\ Q_{ik\max} \geqslant Q_{ik} \geqslant Q_{ik\min} \\ U_{ik\max} \geqslant U_{ik} \geqslant U_{ik\min} \end{array}\right\} \tag{5-36}$$

对于水电厂

$$\left.\begin{array}{l} P_{jk\max} \geqslant P_{jk} \geqslant P_{jk\min} \\ Q_{jk\max} \geqslant Q_{jk} \geqslant Q_{jk\min} \\ U_{jk\max} \geqslant U_{jk} \geqslant U_{jk\min} \end{array}\right\} \tag{5-37}$$

目标函数仍与式（5-24）相同，为

$$\sum_{k=1}^{s} \left[\sum_{i=1}^{n} F_{ik}(P_k)\Delta t_k\right] = \min \tag{5-38}$$

设定拉格朗日乘数 λ_k $(k=1, 2, \cdots, s)$ 及 γ_j $(j=1, 2, \cdots, m)$ 后列写出拉格朗日函数

$$L = \sum_{k=1}^{s}\left[\sum_{i=1}^{n} F_{ik}(P_k)\Delta t_k\right] - \sum_{k=1}^{s}\lambda_k\left(\sum_{i=1}^{n} P_{ik} + \sum_{j=1}^{m} P_{jk} - P_{lk} - \Delta P_{Lk}\right)$$

$$\times \Delta t_k + \gamma_j\left[\sum_{k=1}^{s} Q_{jk}(P_{jk})\Delta t_k - W_j\right] \tag{5-39}$$

将其对各变量 P_{ik}、P_{jk}、λ_k、γ_j 求偏导并令其为零，可得到

$$\frac{\partial L}{\partial P_{ik}} = \frac{\mathrm{d}F_{ik}}{\mathrm{d}P_{ik}}\Delta t_k - \lambda_k\left(1 - \frac{\mathrm{d}\Delta P_{Lk}}{\mathrm{d}P_{ik}}\right)\Delta t_k = 0 \tag{5-40}$$

$$\frac{\partial L}{\partial P_{jk}} = \gamma_j\frac{\partial Q_{jk}}{\partial P_{jk}}\Delta t_k - \lambda_k\left(1 - \frac{\mathrm{d}\Delta P_{Lk}}{\mathrm{d}P_{jk}}\right)\Delta t_k = 0 \tag{5-41}$$

$$\frac{\partial L}{\partial \lambda_k} = -\left(\sum_{i=1}^{n} P_{ik} + \sum_{j=1}^{m} P_{jk} - P_{lk} - \Delta P_{Lk}\right)\Delta t_k = 0 \tag{5-42}$$

$$\frac{\partial L}{\partial \gamma_j} = \sum_{k=1}^{s} Q_{jk} \Delta t_k - W_j = 0 \tag{5-43}$$

以上方程中 $i=1, 2, \cdots, n$，$j=1, 2, \cdots, m$，$k=1, 2, \cdots, s$，方程式（5-42）、式（5-43）为原来的约束条件，由方程式（5-40）、式（5-41）可以得到目标函数具有极小值的条件

$$\frac{\mathrm{d}F_{ik}}{\mathrm{d}P_{ik}} \frac{1}{1 - \dfrac{\mathrm{d}\Delta P_{Lk}}{\mathrm{d}P_{ik}}} = \gamma_j \frac{\mathrm{d}Q_{jk}}{\mathrm{d}P_{jk}} \frac{1}{1 - \dfrac{\mathrm{d}\Delta P_{Lk}}{\mathrm{d}P_{jk}}} = \lambda_k \tag{5-44}$$

若系统中无水电厂则式（5-44）改为

$$\frac{\mathrm{d}F_{ik}}{\mathrm{d}P_{ik}} \frac{1}{1 - \dfrac{\mathrm{d}\Delta P_{Lk}}{\mathrm{d}P_{ik}}} = \lambda_k \tag{5-45}$$

因为对任意时间段 Δt_k 都成立，所以下标 k 均可以省略。该式称为电力系统经济功率分配的协调方程式。与不考虑网损的分配条件式（5-28）～式（5-30）比较，等式两边增加了 $\dfrac{1}{1 - \dfrac{\mathrm{d}\Delta P_{Lk}}{\mathrm{d}P_{ik}}}$

及 $\dfrac{1}{1 - \dfrac{\mathrm{d}\Delta P_{Lk}}{\mathrm{d}P_{jk}}}$，其中 $\dfrac{\mathrm{d}\Delta P_{Lk}}{\mathrm{d}P_{ik}}$ 及 $\dfrac{\mathrm{d}\Delta P_{Lk}}{\mathrm{d}P_{jk}}$ 为网损微增率。因增加的两项与网损有关，故又称为网损修正系数。与不考虑网损的式（5-30）比较只是增加了网损修正系数。关于如何计算网损修正系数，可参考有关资料，这里不再深入讨论。

练 习 题

一、思考题

5-1 什么是电力系统负荷的有功功率－频率静特性？什么是有功功率负荷的频率调节效应？

5-2 什么是发电机组的有功功率－频率静特性？发电机的单位调节功率是什么？

5-3 什么是调差系数？它与发电机单位调节功率的标幺值有什么关系？

5-4 电力系统频率的一次调整指的是什么？能否做到频率的无差调节？

5-5 电力系统频率的二次调整指的是什么？如何才能做到频率的无差调节？

5-6 在枯水季节和丰水季节，系统中各类发电厂在负荷曲线上应如何组合？

二、计算题

5-7 设系统中发电机组的容量和它们的调差系数分别为：

水轮机组　100MW/台×5 台＝500MW　　　　$\sigma\% = 2.5$

　　　　　75MW/台×5 台＝375MW　　　　　$\sigma\% = 2.75$

汽轮机组　100MW/台×6 台＝600MW　　　　$\sigma\% = 3.5$

　　　　　50MW/台×20 台＝1000MW　　　　$\sigma\% = 4.0$

较少容量汽轮机组合计　　　1000MW　　　　　$\sigma\% = 4.0$

即系统发电机组总容量为 3475MW。系统总负荷为 3300MW，负荷的单位条件功率 $K_l = 1.5$。试计算：①全部机组都参加调频；②全部机组都不参加调频；③仅水轮机组参加调频；④仅水轮机组和 20 台 50MW 汽轮机组参加调频等四种情况下系统的单位调节功率 K_s。计算结果

分别以 MW/Hz 为单位和标么值表示。

5 - 8　同一发电厂内两套发电设备共同供电，它们的耗量特性 F（t/h）分别为

$$F_1 = 2.5 + 0.25P_{G1} + 0.0014P_{G1}^2$$

$$F_2 = 5.0 + 0.18P_{G2} + 0.0018P_{G2}^2$$

它们可发有功功率上、下限分别为：

$P_{G1min} = 20MW$，$P_{G1max} = 100MW$，$P_{G2min} = 20MW$，$P_{G2max} = 100MW$

现假定只需单台机组运行，当负荷在多大范围内时，哪台机组运行经济？

5 - 9　三个火电厂并列运行，各发电厂的耗量特性 F（t/h）及功率约束条件如下

$$F_1 = 4.0 + 0.30P_{G1} + 0.00070P_{G1}^2, 100MW \leqslant P_{G1} \leqslant 200MW$$

$$F_2 = 3.5 + 0.32P_{G2} + 0.00040P_{G2}^2, 120MW \leqslant P_{G2} \leqslant 250MW$$

$$F_3 = 3.5 + 0.30P_{G3} + 0.00045P_{G3}^2, 150MW \leqslant P_{G3} \leqslant 300MW$$

当总负荷为 700MW 和 400MW 时，试分别确定发电厂间功率的经济分配（不计网损的影响）。

5 - 10　电力系统中接有一台 20MW、两极、50Hz 的同步发电机。其调差系数整定为 4%。现在系统周波急剧上升到 50.2Hz，这台发电机的出力是多少？

第六章　电力系统无功功率平衡及电压调整

第一节　概　　述

一、电压偏移的影响

用电设备是按照额定电压设计的，当它们在额定电压下运行时，处于最佳运行状态，即具有最佳的技术经济指标。当运行电压偏离额定值较大时，技术经济指标就会恶化。

图6-1所示曲线表示白炽灯在端电压变化时，其主要特性变化的情形。当端电压低于额定电压5％时，光通量约减少15％，发光效率约降低10％；电压降低10％时，光通量减少30％，发光效率约降低20％。当电压高于额定电压5％时，发光效率增加10％，寿命将减少一半。

异步电动机的转矩和端电压的平方成正比。如以额定电压下的最大转矩为100％，当端电压下降到额定电压的90％时，它的最大转矩将下降到额定电压下最大转矩的81％。电压降低过多时，带额定转矩负载的电动机可能停止运转，带有重载（如起重机、碎石机、磨煤机等）启动的电动机可能无法启动。由图6-2可以看到，电压过低将导致电动机电流显著增大，使绕组温度上升，加速绝缘老化，严重情况下，甚至使电动机烧毁；在发电厂中将影响汽轮机、锅炉的工作，严重情况下将造成安全问题。

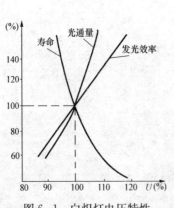

图6-1　白炽灯电压特性

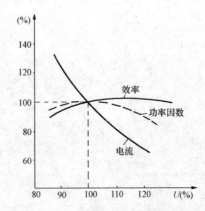

图6-2　异步电动机电压特性

变压器的运行电压偏低，若负载功率不变，致使输出电流增加，使绕组过热；电压偏高，励磁电流增大，铁芯损失增加，温升增高，严重情况下引起高次谐波共振。

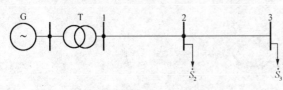

图6-3　简单电力网

所以，为了保证各种用电设备都能在正常情况下工作，应使电力网各节点电压为额定值。可是，系统中的节点很多，网络结构复杂，负荷分布又不均匀，要使所有节点电压都保持在额定值是不可能的。即使像图6-3所示的简单电力网，因为线路 1～2 和 2～3 段均有电压损耗，各节点电压不会相同。节点 1 的电压 U_1 最高，节点 3 的电压 U_3 最低。若将节点 3 的电压维持在额定值，节点 1 和节点 2 的电压必定高于额定值，无法做到三个节点电压都保持在额定值。实际上一般的用电设备在运行中都允许其端电压出现一些偏移，只要这偏移不超过规定的限度，就不会明显影响用电设备的正常工作。因此电力系统在运行过程要经常调整节点电压，使其偏移在允许范围之内。一般规定节点电压偏移不超过电力网额定电压的 $\pm 5\%$。

电压的波动对用户、电网和发电厂都有影响。

二、无功功率与电压的关系

电压的变化不仅影响到用电设备的运行特性，而且还影响用电设备所取用的功率。在稳态运行情况下，用电设备所取用的功率随电压变化的关系称为负荷的电压静态特性。电力系统综合负荷的电压静态特性如图 6-4 所示。综合负荷包括不同的用电设备。

比较有功和无功负荷的静态特性可知，无功负荷对电压变动非常敏感，有功负荷不太敏感。从无功负荷的静态特性还可看出，要想维持负荷点的电压水平，就得向负荷供给它所需要的无功功率。若系统不能向负荷供应所需要的无功功率，负荷的端电压就会被迫降低。因此无功负荷静态特性给出了系统所能供给的无功功率与相应的电压水平的关系。系统所能提供的感性无功功率越少，电压就越低。

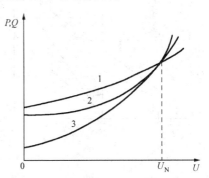

图 6-4　综合负荷的电压静态特性
1—6kV 和 110kV 母线的有功负荷静态特性；
2—110kV 母线上无功负荷静态特性；
3—6kV 母线上的无功负荷静态特性

综上所述，电力系统的电压偏离允许值给用户的用电设备和电网的运行带来影响。而系统中无功功率不平衡是引起电压偏移的原因，因此调整电压从建立无功功率平衡入手。

第二节　无功功率平衡

一、无功负荷

电力系统中的用电设备很多，除白炽灯和电阻加热设备外，其它用电设备一般都要消耗无功功率。在用电设备中，异步电动机占的比例最大，它所消耗的无功功率所占比例也最大。

二、无功损耗

无功损耗是指在电网中变压器和线路产生的无功损耗。

变压器中的无功损耗分两部分，即励磁支路损耗和绕组漏抗中损耗。其中励磁支路损耗的百分值基本上等于空载电流 I_0 的百分值，约为 $1\%\sim2\%$；绕组漏抗中损耗，在变压器满载时，基本上等于短路电压 U_k 的百分值，约为 10%。因此对一台变压器或一级变压器的网络而言，变压器中的无功功率损耗并不大，满载时约为它额定容量的百分之十几。但对于多电压级网络，变压器中的无功损耗就相当可观，有时超过 50%，较有功功率损耗大得多。

电力线路上的无功损耗也分两部分，即并联电纳和串联电抗中的无功损耗。并联电纳中的这种损耗又称为充电功率，与线路电压的平方成正比，呈容性。串联电抗中的这种损耗与负荷电流的平方成正比，呈感性。因此，线路作为电力系统的一个元件究竟是消耗容性无功功率，还是感性无功功率不能肯定。

三、无功电源

电力系统中无功电源有发电机、静电电容器和静止补偿器等。

（一）发电机

同步发电机不仅是电力系统的有功电源，而且是电力系统中主要的无功电源，它发出的无功功率是可以调节的。

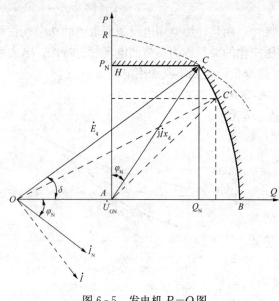

图 6-5　发电机 P-Q 图

图 6-5 中 OA 代表发电机额定电压 $\dot{U}_{GN}$，$\dot{I}_N$ 为额定负荷电流，它滞后电压 $\dot{U}_{GN}$ 一个 φ_N 角。$\overline{AC}$ 代表电流 $\dot{I}_N$ 在电抗 x_d 上引起的电压降，$\overline{OC}$ 为发电机电动势 $\dot{E}_q$，其长度正比于转子励磁电流。设发电机 U_{GN} 不变，则 $\overline{AC}$ 的长度正比于视在功率 S_N。那么，$\overline{AC}$ 在纵轴和横轴上的投影分配正比于有功功率 P_N 及无功功率 Q_N。

以上分析的是发电机的额定工作状态。当改变功率因数运行时，发电机电流受转子电流限制不能超过额定值，原动机功率也不能超过额定值，其可发视在功率要小于额定的视在功率。图中以 A 点为圆心，以 $\overline{AC}$ 为半径做圆弧 $\overset{\frown}{RC}$ 代表定子电流保持额定值的轨迹，以 O 为圆心以 $\overline{OC}$ 为半径的圆弧 $\overset{\frown}{BC}$ 表示转子电流保持额定值的轨迹。当发电机降低功率因数运行多发无功时，由于受到转子电流的限制，调节只能沿 $\overset{\frown}{BC}$ 弧运行。当提高功率因数运行时，发出的有功功率受汽轮机额定功率的限制，调节只能沿 CH 进行。由此可见，前一种情况下定子电流没有得到充分利用；后一种情况下，定子和转子电流均得不到充分利用。因此在非额定的状态下运行，不能使发电机充分利用。

（二）静电电容器

静电电容器只能向系统提供无功功率，所提供的无功功率和其端电压 U 的平方成正比，即

$$Q_C = \frac{U^2}{X_C}$$

式中　$X_C = \dfrac{1}{\omega C}$——电容器电抗。

静电电容器有功损耗小，投资省，运行灵活，适宜于分散使用。但其具有负调节效应，即当节点电压下降时，供出的无功功率也减少，导致系统电压水平进一步下降；此外需用开关成组投切，投切次数依赖于这种开关的性能。

还有一种无功补偿设备是调相机，它是一个能发无功功率的发电机，即能发出感性无功，又能发出容性无功。但现在已经很少使用调相机了。

（三）静止补偿器

静止补偿器是与电容器相对应属"灵活交流输电系统"范畴的无功功率电源。出现在 20 世纪 70 年代初，是这一"家族"的最早成员，已为人们所熟知。

静止补偿器的全称为静止无功功率补偿器（SVC），有各种不同类型。目前常用的有晶闸管控制电抗器型（TCR 型）、晶闸管开关电容器（TSC 型）和饱和电抗器型（SR 型）三种。这里只介绍 TCR 型静止补偿器的基本原理。图 6-6 所示为 TCR 型静止补偿器原理图，图 6-7 所示是它的伏安特性。

TCR 型静止补偿器由 TCR 和若干组不可控电容器组成。与电容器 C 串联的电感器 L 则与其构成串联谐振回路，兼作高次谐波的滤波器，滤去由 TCR 产生的 5、7、11……等次谐波电流。仅有 TCR 时，补偿器的基波电流如图 6-7 中点划线所示，其值取决于晶闸管的触发角，而后者又取决于设定的控制规律和系统的运行状况等。仅有电容器 C 时，补偿器的电流如图虚线所示，即随其端电压的增大而增大。TCR 与电容器同时投入时，补偿器的电流如图中实线所示。这是补偿器的正常运行方式。因此，这种类型补偿器的运行范围就在图中 $I_{C\,max}$ 与 $I_{L\,max}$ 之间。

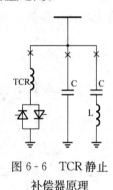

图 6-6 TCR 静止
补偿器原理

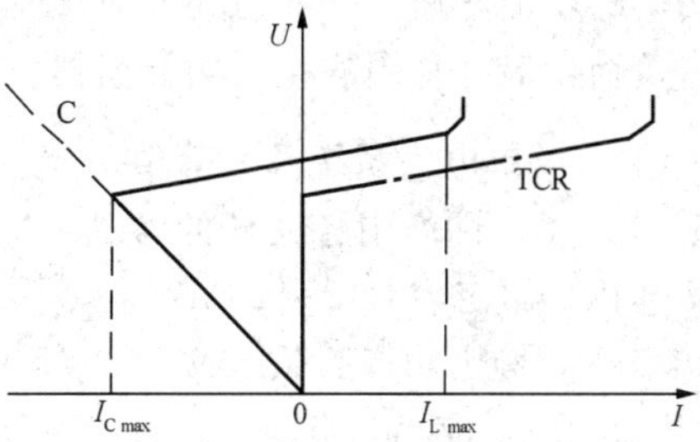

图 6-7 TCR 静止补偿器的伏安特性

（四）并联电抗器

就感性无功功率而言，并联电抗器显然不是电源而是负荷，但在某些电力系统中装有这种设施，用以吸取轻载线路过剩的感性无功功率。而对高压远距离输电线路而言，它还有提高输送能力，降低过电压等作用。

四、无功功率的平衡

电力系统中无功电源所发出的无功功率应与系统中的无功负荷及无功损耗相平衡，同时还应有一定的无功功率备用电源，即

$$\sum Q_{GC} = \sum Q_l + \Delta Q_\Sigma + Q_R$$

式中　$\sum Q_{GC}$——无功电源容量的总和；

　　　$\sum Q_l$——无功负荷的总和；

　　　ΔQ_Σ——无功损耗的总和；

　　　Q_R——无功备用容量。

电力系统中的负荷需要消耗大量的无功功率，同时电力网也会引起无功功率损耗。电力系统中的无功电源必须发出足够的无功功率以满足用户与电力网的需要，这就是无功功率平衡。这个平衡特指在一定节点电压下的平衡，如图 6-8 所示。如果系统电源所能供应的无功功率为 $\sum Q_{GCN}$、由无功功率平衡的条件决定的电压为 U_N，设该电压对应于系统的正常电

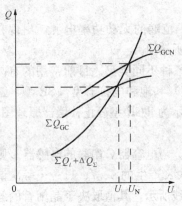

图 6-8　无功功率平衡和系统
电压水平的关系

压水平。如系统电源所能供应的无功功率仅为 $\sum Q_{GC}$，则无功功率虽也能平衡，平衡条件所决定的电压将为低于正常的电压 U。系统中无功功率电源不足时的无功功率平衡是由于全系统电压水平的下降、无功功率负荷（包括损耗）本身的具有正值的电压调节效应使全系统的无功功率需求（$\sum Q_l + \Delta Q_\Sigma$）有所下降而达到的。

　　无功功率电源不足将导致节点电压下降。而且要满足众多的节点电压的要求，除了对全系统需要无功功率平衡以外，地区系统也需要无功功率平衡。无功功率应避免长距离输送而就地平衡。

　　如上所述，除了充分利用发电机的无功功率外，还应安装一些无功补偿设备，系统无功才能达到平衡。在电力系统中配置无功补偿设备时，除了应满足无功平衡要求外，还应照顾到降低电力网损耗和调压的需要，因此它是一个综合性技术经济问题。无功补偿装置应尽可能装在无功负荷中心，做到无功功率的就地平衡。一般情况下应优先使用电容器作为无功补偿设备。对大型轧钢机一类的冲击负荷，最好采用静止无功补偿器。

　　【例 6-1】　简单电力系统及其等值电路如图 6-9 所示。网络中各元件的参数如下：发电机：额定容量 2×25MW，额定电压 10.5kV，额定功率因数 $\cos\varphi$ = 0.85；变压器 T1：额定容量 2×31.5MVA，变比 10.5/121kV，空载损耗 P_0 = 47kW，短路损耗 P_k = 200kW，短路电压 U_k% = 10.5，空载电流 I_0% = 2.7；变压器 T2：额定容量 2×20MVA，变比110/11kV，空载损耗 P_0 = 22kW，短路损耗 P_k = 135kW，短路电压 U_k% = 10.5，

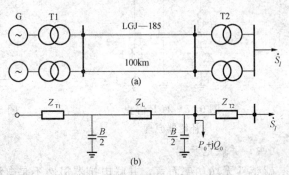

图 6-9　电力系统及其等值网络
(a) 电网接线；(b) 等值网络

空载电流 I_0% = 0.8；线路 L：型号 2×LGJ—185，Z_L = 8.5 + j20.5Ω，$\frac{1}{2}B$ = 2.82×10⁻⁴ S，负荷 S_l = 30 + j22.5MVA。对此系统做无功平衡计算。

　　解　首先计算变压器 T2 损耗：

空载无功损耗 $\Delta Q_0 = \dfrac{S_N I_0 \%}{100} = 20 \times \dfrac{0.8}{100} = 0.16$ （Mvar）

电抗上短路无功损耗 $\Delta Q_k = \dfrac{S_N U_k \%}{100} = 20 \times \dfrac{10.5}{100} = 2.1$ （Mvar）

总的有功损耗 $\Delta P_{T2} = \dfrac{2P_0}{1000} + 2\dfrac{P_K S_L^2}{S_N^2 \times 2^2} = 2 \times \dfrac{22}{1000} + 2 \times \dfrac{135}{1000} \times \dfrac{30^2 + 22.5^2}{20^2 \times 2^2} = 0.281$ （Mvar）

变压器 T2 中总无功损耗 $\Delta Q_{T2} = 2\Delta Q_0 + 2\Delta Q_k \dfrac{S_L^2}{2^2 S_N^2} = 2 \times 0.16 + 2 \times 2.1 \times \dfrac{30^2 + 22.5^2}{2^2 \times 20^2} =$

4.01 （Mvar）

线路末端充电功率

$$\Delta Q_{\mathrm{L}} = \frac{1}{2} B U_{\mathrm{N}}^2 = 2.82 \times 10^{-4} \times 110^2 = 3.41 \text{（Mvar）}$$

通过线路传输功率

$$\dot{S}_{\mathrm{L}} = \Delta P_{\mathrm{T2}} + \mathrm{j}(\Delta Q_0 + \Delta Q_{\mathrm{T2}}) + \dot{S}_{\mathrm{L}} - \mathrm{j}\Delta Q_{\mathrm{L}} = 0.281 + \mathrm{j}4.17 + (30 + \mathrm{j}22.5) - \mathrm{j}3.41$$
$$= 30.281 + \mathrm{j}23.26 \text{（MVA）}$$

线路电阻，电抗中的功率损耗

$$\Delta \dot{S}_{\mathrm{L}} = \frac{30.281^2 + 23.26^2}{110^2} \times (8.5 + \mathrm{j}20.5) = 1.024 + \mathrm{j}2.47 \text{（MVA）}$$

通过 T1 变压器的功率

$$\dot{S}_2 = (30.281 + \mathrm{j}23.26) + (1.024 + \mathrm{j}2.47) - \mathrm{j}3.41 = 31.305 + \mathrm{j}22.32 \text{（MVA）}$$

计算 T1 变压器损耗

$$\Delta Q_0 = \frac{S_{\mathrm{N}} I_0 \%}{100} = 31.5 \times \frac{2.7}{100} = 0.851 \text{（MVar）}$$

$$\Delta Q_{\mathrm{k}} = \frac{S_{\mathrm{N}} U_{\mathrm{k}} \%}{100} = 31.5 \times \frac{10.5}{100} = 3.308 \text{（MVar）}$$

$$\Delta P_{\mathrm{T1}} = \frac{2P_0}{1000} + 2 \frac{P_{\mathrm{k}} S_2^2}{2^2 S_{\mathrm{N}}^2} = 2 \times 0.047 + 2 \times 0.2 \times \frac{31.305^2 + 22.32^2}{(2 \times 31.5)^2} = 0.243 \text{（MW）}$$

$$\Delta Q_{\mathrm{T1}} = 2\Delta Q_0 + 2\Delta Q_{\mathrm{k}} \frac{S_2^2}{2^2 S_{\mathrm{N}}^2} = 2 \times 0.851 + 2 \times 3.308 \times \frac{31.305^2 + 22.32^2}{(2 \times 31.5)^2} = 4.166 \text{（Mvar）}$$

系统需总功率为

$$\dot{S} = (\Delta P_{\mathrm{T1}} + \mathrm{j}\Delta Q_{\mathrm{T1}}) + \dot{S}_2 = (0.243 + \mathrm{j}4.166) + (31.305 + \mathrm{j}22.32)$$
$$= 31.548 + \mathrm{j}26.486 \text{（MVA）}$$

发电机以额定功率因数运行，可发无功功率

$$Q_{\mathrm{C}} = P \mathrm{tg}\varphi = 31.548 \times 0.62 = 19.56 \text{（Mvar）}$$

应补偿无功功率为

$$Q_{\mathrm{C}} = 26.486 - 19.56 = 6.926 \text{（Mvar）}$$

第三节　电力系统的电压调整

一、造成用户端电压偏移的原因

用电设备最理想的工作电压就是它的额定电压，但是在电力系统中如果不采取调压措施，很难保持所有的用电设备都在接近于额定电压的状态下工作。以图 6 - 10 所示网络为例，若 O 点电压保持不变，用户端点 C 的电压将随着电力网中电压损耗的变化而变化。最大负荷时，沿线的电压偏移分布用 $OA_2B_2C_2$ 表示，最小负荷时用 $OA_1B_1C_1$ 表示。负荷在最大和最小之间变动时，C 点的电压变动将在 $U_{\mathrm{II}1}$ 和 $U_{\mathrm{II}2}$ 之间变动。若电力网中电压损耗不大，或者电压损耗虽数值大，但电压损耗的变动不大，负荷点 C 的电压可以通过合理选择变压器分接头控制在允许偏移范围之内。若电压损耗过大，同时电压损耗的变动也很大，以致在最大负荷时，C 点电压 $U_{\mathrm{II}2}$ 与最小负荷时的 $U_{\mathrm{II}1}$ 相差很大，无法保证二者均在允许偏移范围之内，在这种情况下就得采取相应的调压措施，以保证供电的电压质量。可见电压损耗大小是造成用户端电压偏移大小的重要原因，但是不能不注意到电压损耗的变化大小也是造成用户端电压偏移大小的重要原因。

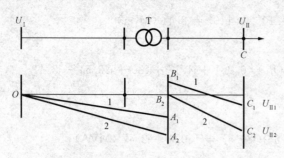

图 6 - 10　输送不同功率时沿线电压分布

1—小负荷电压分布；2—大负荷电压分布

下列几种情况都将导致电压损耗的变化：

（1）负荷大小的改变。电力系统的负荷在一年内的各个季节中以及一昼夜的各个小时内都是不同的。例如照明负荷在前半夜为 100%，到白天往往要降到 10%～20% 甚至更低。负荷大小的改变将引起电力网中电压损耗的相应改变。

（2）个别设备因检修或故障退出工作，造成电力网阻抗的改变，从而造成电压损耗的改变。

（3）电力系统接线方式的改变。有时为了适应某种要求，需要改变电力系统的接线方式，将引起电力网中功率分布和阻抗的改变，从而造成电压损耗的改变。

在较大的电力系统中，最大电压损耗的百分数值，可能达到 20%～30% 以上，并且往往电压损耗的变动也很大，所以如不采取调压措施就无法满足用户对电压质量的要求。

二、中枢点的电压管理

电力系统的调压目的是使用户的电压偏移保持在规定的范围内。

电力系统中的负荷点非常多，对其电压水平不可能也不必要一一进行监视。一般是选定少数有代表性的点作为电压监视的中枢点，在运行中只要对这些代表点进行电压控制，使其符合一定要求，其它各点的电压质量就能得到保证。总之，电压中枢点指的是这样一些点，它们的电压一经确定之后，系统其它各点的电压也就确定了。中枢点一般选在区域性发电厂的高压母线、枢纽变电所的二次母线及地方负荷的发电厂母线。

有一简单电力网如图 6 - 11（a）所示，O 点为电源点，由 O 点向两个负荷点 i 和 j 供

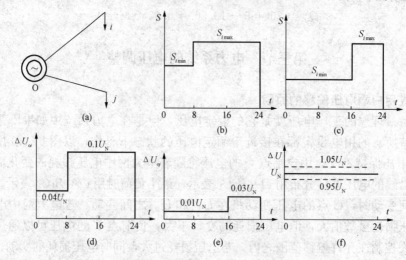

图 6 - 11　简单电力网电压损耗

（a）简单网络；（b）、（c）分别为负荷 i、j 的日负荷曲线；（d）、（e）分别为

线路 oi、oj 不同时刻的电压损耗；（f）负荷 i、j 允许的电压偏移

电。当功率分布和线路参数已知，O 点的电压一经确定，则 i 和 j 两点的电压也就确定了。控制 O 点的电压，也就能控制 i 和 j 两点的电压，因此可把 O 点确定为电压中枢点。

下面以此网络为例，说明确定中枢点电压偏移的允许范围的方法。

我们分别以节点 i 和节点 j 出发求出中枢点应维持的电压变动范围。

负荷 i 为最小负荷时（0~8h），中枢点 O 应维持的电压为

$$U_i + \Delta U_{oi} = (0.95 \sim 1.05)U_N + 0.04U_N = (0.99 \sim 1.09)U_N$$

式中　$(0.95\sim1.05)U_N$——i 负荷所允许的电压偏移；

$0.04U_N$——最小负荷时的线路电压损耗。

负荷 i 为最大负荷时（8~24h），中枢点 O 应维持的电压为

$$U_i + \Delta U_{oi} = (0.95 \sim 1.05)U_N + 0.1U_N = (1.05 \sim 1.15)U_N$$

负荷 j 在最小负荷时（0~16h），中枢点 O 应维持的电压为

$$U_j + \Delta U_{oj} = (0.95 \sim 1.05)U_N + 0.01U_N = (0.96 \sim 1.06)U_N$$

负荷 j 在最大负荷时（16~24h），中枢点 O 应维持的电压为

$$U_j + \Delta U_{oj} = (0.95 \sim 1.05)U_N + 0.03U_N = (0.98 \sim 1.08)U_N$$

考虑 i，j 两个负荷对 O 点的要求可得出 O 点电压的容许变动范围，如图 6-12（a）所示。图中阴影部分表示可同时满足 i，j 两个负荷点电压要求的 O 点电压的变动范围。尽管 i，j 两点允许电压偏移都是 ±5%，即有 10% 的变动范围，但由于 ΔU_{oi} 及 ΔU_{oj} 的大小和变化规律不同，使得 8~16h 中枢点允许电压变动范围只有 1%。由此可见，当电压损耗 ΔU_{oi} 和 ΔU_{oj} 变化大，彼此相差悬殊时，中枢点电压就不易同时满足 i，j 两点电压的要求。例如，在 8~16h 中枢点电压不论取什么值都不能满足要求，如图 6-12（b）所示。一旦出现这种情况，就必须采取其它调压措施。

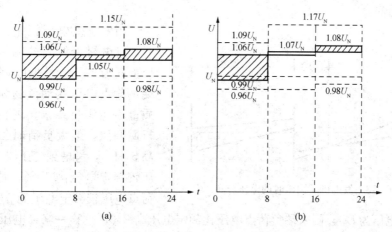

图 6-12　中枢点 O 电压容许变动范围

（a）中枢点 O 至 i 及 j 的电压损耗不大时的电压变动范围；（b）中枢点 O 至 i

及 j 的电压损耗相差较大时的电压变动范围

一般情况下，由中枢点供电的各负荷的变化规律大体相同，在最大负荷时供电线路上电压损耗大，而在最小负荷时供电线路上的电压损耗小。因此，在最大负荷将中枢点电压升高，在最小负荷时将中枢点电压适当降低，采取这种方法改变中枢点电压以保证负荷点电压偏移在允许范围之内，称这种调压方式为"逆调压"。对于负荷变动较大且供电线路较长的

中枢点，一般采用这种调压方式，高峰负荷时中枢点电压较额定电压升高 $5\%U_N$，低谷负荷时将其降为 U_N。

以上所讨论的是电力系统正常运行时的调压方式。如果系统发生事故，电压损耗要比正常时大。此时对电压质量的要求可降低一些，通常允许电压偏移较正常情况再增加 5%。

三、电力系统的调压措施

电力系统的调压比频率的调整更为复杂，因为系统的每个节点电压都不相同，而且用户对电压要求也不一样，所以不可能在系统中只调整一～二处电压就可以满足整个系统对电压水平的要求，而要根据不同情况，在不同的节点，采用不同的调压方式，使得系统各点电压满足要求。

（一）常采用的调压措施

常采用的调压措施有以下几种：

（1）利用发电机进行调压。

（2）采用改变变压器分接头进行调压。

（3）通过改变电力网无功功率分布进行调压。

（4）通过改变输电线路参数进行调压。

前两种措施是利用改变电压水平的方法来维持所需要的电压，后两种措施是用改变电压损耗的方法来达到调压的目的。

1. 利用发电机进行调压

发电机的端电压可以用改变发电机转子电流的办法进行调整，一般可在额定电压的 $\pm5\%$ 范围内进行。在直接用发电机电压向用户供电的系统中，如供电线路不长，电压损耗不大时，用发电机进行调压一般就可满足要求。图 6-13 为单电源电力系统的发电机作逆调压时的电压分布。

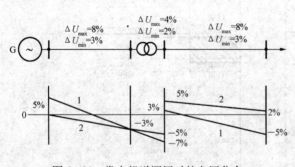

图 6-13　发电机逆调压时的电压分布

当发电机电压恒定，且最大负荷时，发电机母线到末端负荷点的总电压损耗为 20%，最小负荷时为 8%，末端负荷点电压变动范围为 12%，电压质量不能满足要求。现在用发电机进行逆调压，最大负荷时发电机电压升高 $5\%U_N$，考虑到变压器二次侧空载电压较额定电压高 10%，那么，末端负荷点电压较额定电压低 5%。在最小负荷时发电机电压为 U_N，则末端负荷点电压比额定电压高 2%。这样一来，电压偏移在 $\pm5\%$ 范围之内，电压质量达到了要求。

当发电机经过多级电压向负荷供电，同时发电机电压母线上接有直馈负荷时，单依靠发电机进行调压就不能保证全部负荷对电压质量的要求。图 6-14 为一多级电压的电力网。在最大负荷时，发电机母线到末端的电压损耗可

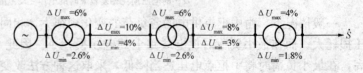

图 6-14　多级电压系统的电压损耗

达 34%，最小负荷时为 14%。在这两种情况下，电压损耗相差 20%。发电机进行逆调压也只能缩小 15%，电压损耗相差还是超过 10%，电压质量不能满足要求。在此情况下，必须再配合其它调压措施。

2. 改变变压器变比进行调压

双绕组变压器的高压侧绕组和三绕组变压器的高、中压侧绕组为了调整电压，都设有几个分接头供选择使用。

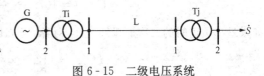

图 6-15 二级电压系统

下面以图 6-15 为例说明降压变压器分接头的选择方法。如已知在最大负荷时，其高压母线电压为 $U_{j1\,max}$。此时变压器电压损耗为 $\Delta U_{j\,max}$。按实际变比归算到低压侧的电压为 $U_{j2\,max}$，即

$$U_{j2\,max} = (U_{j1\,max} - \Delta U_{j\,max})\,/\,k_{j\,max}$$

变压器的变比 k_{jmax} 用分接头电压表示后，该式可写成

$$U_{j2\,max} = (U_{j1\,max} - \Delta U_{j\,max})U_{jN}\,/\,U_{jt\,max}$$

由此得到最大负荷时，变压器分接头电压为

$$U_{jt\,max} = (U_{j1max} - \Delta U_{j\,max})U_{jN}\,/\,U_{j2\,max} \tag{6-1}$$

式中 $k_{j\,max}$——最大负荷时，变压器 j 应选择的变化；

$\quad U_{jN}$——变压器 j 低压侧的额定电压；

$\quad U_{jt\,max}$——变压器 j 在最大负荷时，应选择的高压侧分接头电压。

同样可得最小负荷时应选择的高压侧绕组分接头电压为

$$U_{jt\,min} = (U_{j1\,min} - \Delta U_{j\,min})U_{jN}\,/\,U_{j2\,min} \tag{6-2}$$

上式中各符号分别与最小负荷相对应。

因正常运行时变压器分接头不能改变，故取两者的平均值为

$$U_{jt} = \frac{U_{jt\,max} + U_{jt\,min}}{2} \tag{6-3}$$

根据计算出的 U_{jt} 选择一个接近的分接头，然后校验所选的分接头是否能使低压母线电压的要求得到满足。

升压变压器的分接头选择方法和降压变压器的选择方法基本相同。计算公式为

$$U_{it\,max} = (U_{i1\,max} + \Delta U_{i\,max})U_{iN}\,/\,U_{i2\,max} \tag{6-4}$$

$$U_{it\,min} = (U_{i1\,min} + \Delta U_{i\,min})U_{iN}\,/\,U_{i2\,min} \tag{6-5}$$

$$U_{it} = \frac{U_{it\,max} + U_{it\,min}}{2} \tag{6-6}$$

【例 6-2】 某降压变电所的变压器参数及负荷已标明在图 6-16 中，最大负荷时，高压侧母线电压为 113kV，最小负荷时为 115kV；低压侧母线电压允许变压范围为 10～11kV。求变压器的分接头位置。

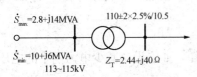

$\dot S_{max}$=2.8+j14MVA
$\dot S_{min}$=10+j6MVA
113～115kV
110±2×2.5%/10.5
Z_T=2.44+j40 Ω

图 6-16 变压器等值电路

解 已知变压器阻抗归算到高压侧的值为 $2.44 + j40\,\Omega$。最大负荷时，变压器二次侧电压折算到高压为

$$U'_{2max} = 113 - \frac{28 \times 2.44 + 14 \times 40}{113} = 107.5\,(kV)$$

最小负荷时，变压器二次侧电压折算到高压侧为

$$U'_{2\min} = 115 - \frac{10 \times 2.44 + 6 \times 40}{115} = 112.7 \ (\text{kV})$$

如果要求最大负荷时的二次侧母线电压不得低于 10kV，则分接头位置应为

$$U_{t\max} = 107.5 \times \frac{10.5}{10} = 112.875 \ (\text{kV})$$

如果最小负荷时的二次侧母线电压不得高于 11kV，则分接头位置应为

$$U_{t\min} = 112.7 \times \frac{10.5}{11} = 107.57 \ (\text{kV})$$

取平均值

$$U_t = \frac{1}{2} (112.875 + 107.57) = 110.22 \ (\text{kV})$$

选择最接近的分接头——110kV。此时最大负荷和最小负荷时变压器二次侧母线实际电压分别为

$$U_{2\max} = 107.5 \times \frac{10.5}{110} = 10.268 \ (\text{kV})$$

$$U_{2\min} = 112.7 \times \frac{10.5}{110} = 10.76 \ (\text{kV})$$

均不超出允许范围，故所选分接头是合适的。

　　改变普通变压器的分接头很不方便，因为这需要使变压器从运行中退出。目前国内外广泛使用有载调压变压器。这种变压器的高压侧有可以调节分接头的调压绕组，能在带有负荷的情况下改变分接头，调压范围也比较大，一般在 15% 以上。目前我国 220kV 电压级的有载调压范围一般为 $\pm 8 \times 2.5\%$，有 17 个分接头。有载调压变压器通常有两种形式，一种是本身有调压绕组，一种是带有附加调压器的加压变压器，原理接线图见图 6-17。

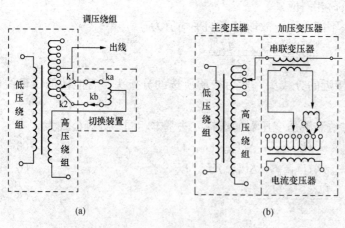

图 6-17　调压变压器
(a) 有调压绕组；(b) 带有附加调压器的加压变压器

　　图 6-17（a）为内部有调压绕组的调压变压器，装有能在带负荷情况下改变分接头的特殊切换装置。切换装置有四个可动触头。改变分接头时，先将一个动触头移到选定的分接头上，然后再将另一接头移到该分接头上。为了避免切换过程中产生电弧使变压器油劣化，将可动触头 k1，k2 的支路上分别串联上接触器的触头 ka、kb。当调节分接头时，先将接触器触头 ka 打开，将可动触头 k1 切换到选定的分接头上，然后接通 ka，再断开 kb，将 k2 切换到选定的分接头上，再接通 kb。

　　3. 改变电力网的无功功率分布进行调压

　　引起电压偏移的直接原因是线路和变压器上有电压损耗，如能设法减少电力网中的电压损耗值，调压问题就可以在一定程度上得到解决。

　　线路的电压损耗可近似为电压降的纵分量，即

$$\Delta U = \frac{PR + QX}{U}$$

当线路参数已定时，影响电压损耗的因素有两个：有功功率 P 和无功功率 Q。因此在理论上可以借改变有功功率分布调压，也可以借改变无功功率分布调压。不过前者在实际上是不可取的，因为建立电力网的目的是输送有功功率，不能因为调压的目的去改变有功功率分布。至于无功功率，它既可以由发电机供给，也可以由设在负荷点附近的无功功率补偿设备供给，后一种办法不但减少了电力网中的电压损耗，同时也减少了有功功率和电能损耗，所以常用改变电力网中无功功率的分布的办法进行调压。

但改变无功功率的分布对电压损耗影响的程度，随所用导线截面的不同而不同。用小截面构成的架空线路，因为 $R \geqslant X$，电压损耗主要是由有功功率引起的，只有在大截面导线构成的架空线路和变压器中，因 $R < X$，无功功率所引起的电压损耗才占很大的比重。由此可见，只有在大截面导线的线路及有变压器的网络中，利用改变无功功率分布来调压有明显的效果。在导线截面小的架空线路和所有的电缆线路中，改变无功功率分布调压的效果不大，因此采取这种措施是不合适的。

改变电力网无功功率分布的办法是在输电线末端，靠近负荷处装设电容器或静止补偿器。下面讨论根据调压要求确定无功功率补偿容量的方法。

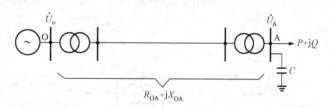

图 6 - 18　简单系统无功补偿

在图 6 - 18 中，若不计电压降落的横分量，当末端未装无功补偿设备时发电机母线电压为

$$U_O = U_A' + \frac{PR_{OA} + QX_{OA}}{U_A'}$$

式中　R_{OA}——归算到高压侧的电力网电阻；

$\quad\quad X_{OA}$——归算到高压侧的电力网电抗；

$\quad\quad U_A'$——未装无功补偿设备时，变电所二次侧电压 U_A 折算到高压侧的值。

当末端装设无功补偿设备 Q_C 后则有

$$U_O = U_{AC}' + \frac{PR_{OA} + (Q - Q_C)X_{OA}}{U_{AC}'}$$

式中　U_{AC}'——装无功补偿设备后，末端变电所二次侧电压 U_{AC} 折算到高压侧的值。

以上两种情况下，设发电机母线电压 U_O 保持不变，于是

$$U_A' + \frac{PR_{OA} + QX_{OA}}{U_A'} = U_{AC}' + \frac{PR_{OA} + (Q - Q_C)X_{OA}}{U_{AC}'}$$

由此可得补偿容量为

$$Q_C = \frac{U_{AC}'}{X_{OA}}\Big[(U_{AC}' - U_A') + \Big(\frac{PR_{OA} + QX_{OA}}{U_{AC}'} - \frac{PR_{OA} + QX_{OA}}{U_A'}\Big)\Big] \tag{6-7}$$

上式右侧方括号内第二项的容量不大，一般可以略去，这样补偿容量为

$$Q_C = \frac{U_{AC}'}{X_{OA}}(U_{AC}' - U_A') \tag{6-8}$$

如果补偿前、后的低压侧电压用 U_{AC} 和 U_A 表示，则有

$$Q_C = \frac{U_{AC}}{X_{OA}}\left(U_{AC} - \frac{U'_A}{k}\right)k^2 \qquad (6\text{-}9)$$

式中　k——降压变压器变比。

　　由式（6-9）看出，补偿容量 Q_C 的大小，不仅取决于调压的要求，也取决于变压器的变比，因此在确定 Q_C 之前，要先确定变比 k，而变压器的变比又与选择的无功补偿设备有关。选择静电电容器作为补偿设备时，应考虑最小负荷时将电容器全部或部分切除，而在最大负荷时全部投入。设最小负荷时电容器全部切除后低压侧要求的电压为 $U_{AC\,min}$。则可求出变压器的分接头电压为

$$U_{t\,min} = U'_{A\,min}\frac{U_{AN}}{U_{AC\,min}}$$

　　那么变压器的变比为

$$k = \frac{U_{t\,min}}{U_{AN}}$$

　　根据最大负荷时对电压偏移的要求，可确定无功补偿容量为

$$Q_C = \frac{U_{AC\,max}}{X_{OA}}\left[U_{AC\,max} - \frac{U'_{A\,max}}{k}\right]k^2$$

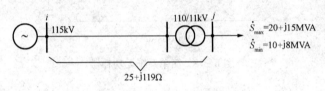

图 6-19　简单电力系统

【例 6-3】　某简单电力系统如图 6-19 所示。降压变电所低压母线电压保持为 10.5kV，无功补偿设备采用静电电容器。求补偿容量。

　　解　未进行补偿，且最大负荷时，变电所低压母线折算到高压侧的电压为

$$U'_{j2\,max} = U_i - \frac{P_{j\,max}R + Q_{j\,max}X}{U_i}$$

$$= 115 - \frac{20\times25 + 15\times119}{115} = 95.13\,(kV)$$

最小负荷时，变电所低压母线电压折算到高压侧为

$$U'_{j2\,min} = 115 - \frac{10\times25 + 8\times119}{115} = 104.54\,(kV)$$

当采用静电电容器补偿且在最小负荷时，将电容器全部切除，选择分接头为

$$U_{tj\,min} = U'_{j2\,min}\frac{U_{jN}}{U_{j\,min}}$$

$$= 104.54\times\frac{11}{10.5} = 109.51\,(kV)$$

选用 110kV 分接头，按最大负荷时的调压要求确定的 Q_C 为

$$Q_C = \frac{U_{j\,max}}{X}\left(U_{j\,max} - \frac{U'_{j2\,max}}{k}\right)k^2$$

$$= \frac{10.5}{119}\times\left(10.5 - 95.13\times\frac{11}{110}\right)\times\left(\frac{110}{11}\right)^2$$

$$= 8.7\,(MVar)$$

验算电压偏移，在最大负荷时补偿装置全部投入，电压为

$$U'_{j2max} = 115 - \frac{20 \times 25 + (15 - 8.7) \times 119}{115} = 104.13 \ (kV)$$

低压母线实际电压为

$$U_{j\,max} = 104.13 \times \frac{11}{110} = 10.41 \ (kV)$$

最小负荷时，补偿设备全部退出，电压为

$$U_{j\,min} = 104.54 \times \frac{11}{110} = 10.45 \ (kV)$$

最大负荷时电压偏移为

$$\frac{10.5 - 10.41}{10.5} \times 100\% = 0.857\%$$

最小负荷时电压偏移为

$$\frac{10.5 - 10.45}{10.5} \times 100\% = 0.476\%$$

满足了调压要求。

4. 改变输电线路参数进行调压

由电压损耗的公式可知，在传输功率不变的条件下，电压损耗值取决于线路参数 R 和 X 的大小，可见改变线路参数也同样能起到调压作用。

在低压地方电力网中，可用增大导线截面的办法改变线路电阻，以减小电压损耗。在高压电力网中，通常 X 比 R 大得多，一般只能用串联电容器的办法改变线路电抗，以减小电压损耗。

对于图 6 - 20 所示的电力网，未装设串联电容器时的电压损耗为

$$\Delta U_{AB} = \frac{P_A R + Q_A X}{U_A} \tag{6-10}$$

式中　X——线路电抗；

　　　R——线路电阻；

　　　P_A——始端有功功率；

　　　Q_A——始端无功功率；

　　　U_A——始端电压。

图 6 - 20　串联电容补偿原理图

而在线路上装置串联电容器后的电压损耗为

$$\Delta U'_{AB} = \frac{P_A R + Q_A (X - X_C)}{U_A}$$

式中　X_C——串联电容器的电抗。

串联电容器的效果是，减小了线路的电压损耗，提高了线路末端电压水平。电压提高的数值为补偿前的电压损耗值之差，为

$$\Delta U_{AB} - \Delta U'_{AB} = \frac{Q_A X_C}{U_A}$$

由此可求得

$$X_C = \frac{U_A (\Delta U_{AB} - \Delta U'_{AB})}{Q_A}$$

如果始端电压 U_A 一定，假设末端所需要提高的电压已知，利用上式便可确定线路串联电容器的容抗值 X_C，由 X_C 值就可求得电容器的容量为

$$Q_C = 3I^2X_C = \frac{P_A^2 + Q_A^2}{U_A^2}X_C$$

在负荷功率因数较低时，输电线上串联电容器调压效果较显著；对于负荷功率因数高的线路，线路电抗中的电压损耗所占的比重不大，串联电容器补偿的调压作用最小，不宜采用这种调压方式。

（二）合理使用调压设备进行调压

电力系统的调压措施很多，为了满足某一调压要求，可以采用不同方案，同时调压措施又与无功功率分布有密切关系。因此，在选择调压措施和计算电力系统的电压调整时，应把各种调压措施综合考虑，求得合理配合，而且与无功功率的调整作统一安排。

利用发电机调压是广泛使用的调压措施，其特点是不需要任何附加投资，所以总是优先加以利用。当发电机母线没有负荷时，其端电压可在 95％～105％范围内调节；有母线负荷时，一般应进行逆调压。合理使用发电机调压通常可大大减轻其他调压措施的负担。

合理选择变压器的分接头能明显改善电力系统的电压质量，且不需要附加投资，所以应该得到充分利用。不过，普通变压器的分接头只能在退出运行的条件下才能改变，操作不很方便，不能经常调整。有载调压变压器的造价较高，但其优越的带负荷调压能力，使得有载调压变压器的应用越来越受到重视。

在无功不足的系统中，首要的问题是增加无功功率电源，取得无功功率的平衡。系统在无功不足的条件下运行时，其电压水平必将被迫降低，要想提高系统的电压水平，就得补充缺额的无功，在系统无功功率不足的条件下，利用有载调压变压器并不能真正改善电压质量，个别调压变压器虽能使因改变无功功率的分布造成局部地区的电压有所提高，但却使其它地区的无功功率更感不足，电压质量也因此更加下降，这是造成系统电压崩溃的的诱因之一。所以，对于无功功率不足的系统，以采用电容器和静止补偿器调压更为有效。

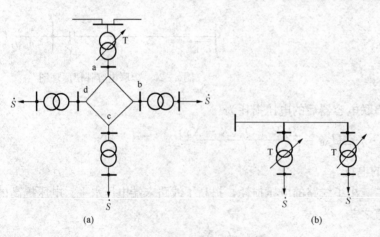

图6-21　利用调压变压器调压
(a) 集中调压；(b) 分散调压

对无功功率供应较充裕的系统，采用有载调压变压器调压就显得灵活而有效，特别是当供电范围较大，接线较复杂，负荷曲线形状和它们距电源的远近相差悬殊时，不采用调压变压器就很难普遍满足用户对电压质量的要求。

调压变压器可以集中装设，也可以分散装设。集中调压就是把调压变压器集中放在中央变电所，见图6-21（a）。此时调压变压器的分接头要兼顾各变电所的要求。如果在各用户变电所均装设调压变压器，就构成了分散调压见图6-21（b）。集中调压

所用设备，投资都省，较分散调压经济，但有时因负荷曲线差别大，下一级变电所距中央变电所的距离彼此相差悬殊，在中央变电所调压难以做到统筹兼顾，就只好采用部分或全部分散调压方案。

最后指出，为了合理选择调压措施，还应对各方案进行技术经济比较，要求所选方案不仅应满足调压要求，而且要有最好的技术经济指标。

第四节　无功功率的经济分配

电力系统的无功功率的经济分配与电力系统调压密切相关。当系统中无功电源不足时，要引起电压水平下降，为了提高电压水平就得增加无功补偿电源；而无功补偿电源的装设既要考虑容量大小，又要考虑其合理分布。无功功率的生产及分布一般不直接影响燃料的消耗，但对网络的有功损耗有较大影响，而有功损耗直接影响系统运行的经济性。

当系统无功电源充足时，电力系统无功功率经济分配的总目标是在满足电力网电压质量要求的同时，使电力网有功功率损耗为最小。相应的目标函数可写成

$$\Delta P_{\mathrm{L}} = f(P_1, P_2, \cdots, P_n, Q_1, Q_2, \cdots, Q_n)$$

等式的约束条件为

$$\sum_{i=1}^{n} Q_{\mathrm{G}i} - \sum_{i=1}^{n} Q_{li} - \Delta Q_{\mathrm{L}} = 0$$

不等式约束条件为

$$Q_{\mathrm{G}i\,\min} \leqslant Q_{\mathrm{G}i} \leqslant Q_{\mathrm{G}i\,\max}$$
$$U_{i\,\min} \leqslant U_i \leqslant U_{i\,\max}$$

上四式中　　　ΔP_{L}——网络中的有功功率损耗；

　　　　　　　ΔQ_{L}——网络中的无功功率损耗；

P_1，P_2，$\cdots$，P_n——节点有功功率，n 为节点数；

Q_1，Q_2，$\cdots$，Q_n——节点无功功率；

　　　　　　　$Q_{\mathrm{G}i}$——i 节点无功电源；

　　　　　　　Q_{li}——i 节点无功负荷。

因分析无功功率最优分布是在除平衡节点外，其它节点的注入有功功率一定的条件下进行的，故不考虑有功功率约束。为使目标函数为最小，首选列出拉格朗日函数

$$J = \Delta P_{\mathrm{L}} - \lambda \left(\sum_{i=1}^{n} Q_{\mathrm{G}i} - \sum_{i=1}^{n} Q_{li} - \Delta Q_{\mathrm{L}} \right)$$

进而求其极小值。假设只在 m 个节点有可调的无功电源，即 $i=m$，则共有 $m+1$ 个变量，可得 $m+1$ 个方程式

$$\left. \begin{array}{l} \dfrac{\partial J}{\partial Q_{\mathrm{G}i}} = \dfrac{\partial \Delta P_{\mathrm{L}}}{\partial Q_{\mathrm{G}i}} - \lambda \left(1 - \dfrac{\partial \Delta Q_{\mathrm{L}}}{\partial Q_{\mathrm{G}i}} \right) = 0 \\[3mm] \qquad\qquad\qquad\qquad\qquad (i = 1, \cdots, n) \\[2mm] \dfrac{\partial J}{\partial \lambda} = \sum_{i=1}^{n} Q_{\mathrm{G}i} - \sum_{i=1}^{n} Q_{li} - \Delta Q_{\mathrm{L}} = 0 \end{array} \right\} \qquad (6\text{-}11)$$

上式又可写成

$$\frac{\partial \Delta P_{\mathrm{L}}}{\partial Q_{\mathrm{G}1}} \frac{1}{\left(1 - \dfrac{\partial \Delta Q_{\mathrm{L}}}{\partial Q_{\mathrm{G}1}} \right)} = \frac{\partial P_{\mathrm{L}}}{\partial Q_{\mathrm{G}2}} \frac{1}{\left(1 - \dfrac{\partial \Delta Q_{\mathrm{L}}}{\partial Q_{\mathrm{G}2}} \right)} = \cdots$$

$$= \frac{\partial \Delta P_L}{\partial Q_{Gm}} \frac{1}{\left(1 - \frac{\partial \Delta Q_L}{\partial Q_{Gm}}\right)} = \lambda \qquad (6-12)$$

式中　$\dfrac{\partial \Delta P_L}{\partial Q_{Gi}}$——第 i 节点无功电源变化引起的有功功率损耗的微增率；

$\dfrac{\partial \Delta Q_L}{\partial Q_{Gi}}$——无功网损微损率；

$\dfrac{1}{\left(1 - \dfrac{\partial \Delta Q_L}{\partial Q_{Gm}}\right)}$——网损修正系数。

　　该式与式（5-15）具有相同形式，表明无功功率的分配与有功功率分配一样，也遵循等微增准则。表达式（6-12）叫等网损微增率准则。

练 习 题

一、思考题

6-1　电力系统中的无功电源都有哪些？各有何特点？

6-2　什么是"等网损微增率准则"？

6-3　电力系统中主要有几种电压调整的措施？各自有何特点？

6-4　什么是"中枢点电压管理"？它有几种调压方式？

6-5　电力系统中电压偏差过大的原因是因为无功问题，一种是无功不足，另一种是无功分布不合理。它们分别需要采取那种调压措施才能解决？

6-6　当电力系统无功功率不足，可否只通过改变变压器分接头变比调压，为什么？

6-7　为什么调节发电机的励磁可以调节端电压？

6-8　变压器的分接头一般设在哪个绕组？为什么选择不同的分接头可以调压？

6-9　为什么说电压的变化主要受无功分布的影响？

6-10　怎样根据电压要求确定并联无功补偿容量？

6-11　为什么无功功率需要就地平衡，不宜远距离传输？

二、习题

6-12　某水电厂通过 SFL1—40000 型升压变压器与系统相连（见图6-22），高压母线电压最大负荷时为 112.09kV，最小负荷时为 115.45kV。要求低压母线采用逆调压，试选择变压器分接头。

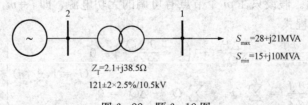

$S_{max}=28+j21MVA$
$S_{min}=15+j10MVA$
$Z_T=2.1+j38.5\Omega$
$121\pm2\times2.5\%/10.5kV$

图6-22　题6-12图

6-13　三绕组变压器的额定电压为 110/38.5/6.6kV，等值电路如图6-23所示，各绕组最大负荷时流通的功率已示于图中，最小负荷为最大负荷时的一半。变压器高压侧母线电压最大负荷时为 112kV，最小负荷时为 115kV，中压、低压侧母线电压偏移最大、最小负荷时分别为

0、+7.5%，试选择高、中压绕组分接头。

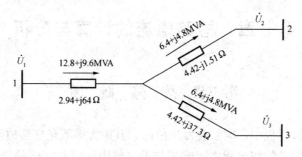

图 6 - 23　题 6 - 13 图

6 - 14　有一个降压变电所出一回 110kV 架空电力线路供电，导线型号为 LGJ—240 型，线路长度为 105km，$r_1 = 0.131\Omega/\text{km}$，$x_1 = 0.407\Omega/\text{km}$，$b_1 = 2.8 \times 10^{-6}\text{S/km}$。变电所装有一台有载调压变压器，型号为 SFZL—40500/110 型，$S_N = 40.5\text{MVA}$，U_N 为 $110 \pm 4 \times 2.5\%/10\text{kV}$，$P_k = 230\text{kW}$，$U_k\% = 10.5$，$I_0\% = 2.5$，$P_0 = 45\text{kW}$。变电所低压母线的最大负荷为 26MW，$\cos\varphi = 0.8$，最小负荷为最大负荷的 0.75 倍，$\cos\varphi = 0.8$。在最大、最小负荷时电力线路始端均维持电压为 121kV。变电所低压母线要求逆调压。试根据调压要求确定在低压母线上用并联电容器进行无功补偿的容量。

第七章　短路电流的计算与分析

第一节　故　障　概　述

在电力系统的运行过程中，时常会发生故障，其中大多数是短路故障。所谓短路，是指电力系统正常运行情况外的相与相之间或相与地（或中性线）之间的连接。在正常运行时，除中性点外，相与相或相与地之间是绝缘的。

一、短路的类型

表7-1示出了三相系统中短路的基本类型。电力系统的运行经验表明，单相短路接地占大多数。三相短路时三相回路依旧是对称的，故称为对称短路；其它几种短路均是三相回路不对称，故称为不对称短路。上述各种短路均指在同一地点短路，实际上也可能是在不同地点同时发生短路，例如两相在不同地点接地短路，称为复杂故障。

表7-1　　　　　　　　　　　　短　路　类　型

短　路　种　类	示　意　图	符　号
三相短路		$k^{(3)}$
两相短路		$k^{(2)}$
单相短路接地		$k^{(1)}$
两相短路接地		$k^{(1,1)}$

二、发生短路的原因

电力系统短路故障发生的原因很多，既有客观的，也有主观的，但都是绝缘遭到破坏引起的。

（1）自然界的破坏。如雷击闪络引起过电压，空气污染使绝缘子表面在正常工作电压下放电，鸟兽跨接在裸露的载流部分以及大风或覆冰引起架空线杆塔倒塌。

（2）人为的破坏。如运行人员带负荷拉隔离开关，在线路检修后未拆除地线就加电压等误操作，施工挖沟伤电缆，放风筝落到高压线上。

（3）设备自身问题。如绝缘材料的自然老化，设计、安装及维护不良所带来的设备缺陷发展成短路等。

三、短路的危害

短路对电力系统的正常运行和电气设备有很大的危害。在发生短路时，由于电源供电回路的阻抗减小以及突然短路时的暂态过程，使短路回路中的短路电流值大大增加，可能超过该回路的额定电流许多倍，甚至能达到 10～15 倍，数值达几万安甚至几十万安。具体危害如下：

（1）对设备的危害。短路点的电弧烧坏电气设备，甚至引起爆炸。短路电流通过电气设备中的导体时，其热效应会引起导体或其绝缘的损坏；另一方面，发生不对称短路时，导体也会受到很大的电动力的冲击，致使导体变形，甚至损坏。

（2）对系统电压的影响。短路还会引起电网中电压降低，对用户影响很大。系统中最主要的电力负荷是异步电动机，它的电磁转矩同端电压的平方成正比，电压下降时，电动机的电磁转矩显著减小，转速随之下降。当电压大幅度下降时，电动机甚至可能停转，造成产品报废，设备损坏等严重后果。

（3）对系统稳定性的影响。当短路发生地点离电源不远而持续时间又较长时，并列运行的发电机可能失去同步，破坏系统稳定，造成大片地区停电。这是短路故障的最严重后果。

（4）对通信系统的影响。发生不对称短路时所引起的不平衡电流产生的不平衡磁通，会在邻近的平行的通信线路内感应出相当大的感应电动势，造成对通信系统和铁路信号系统的干扰，甚至危及设备和人身的安全。

四、减少短路危害的措施

电力系统设计和运行时，都要采取适当的措施来降低发生短路故障的概率，例如采用合理的防雷措施、降低过电压水平、使用结构完善的配电装置和加强运行维护管理等；同时，还要采取减少短路危害的措施，如在线路上装设电抗器来限制短路电流。但最主要的措施是迅速将发生短路的元件从系统中切除，使无故障部分的电网继续正常运行。由于大部分短路不是永久性的而是暂时性的，就是说当短路处和电源隔离后，故障处不再有短路电流流过，因此现在广泛采用重合闸措施。所谓重合闸就是当短路发生后将断路器迅速断开，使故障部分与系统隔离，经过一定时间再将断路器合上。对于暂时性故障，系统就因此恢复正常运行；如果是永久性故障，断路器合上后短路故障仍存在，则必须再次断开断路器。

五、短路故障分析的内容和目的

短路故障分析的主要内容包括故障后电流的计算，短路容量（短路电流与故障前电压的乘积）的计算，故障后的系统中各点电压的计算以及其它的一些分析和计算，如故障时线路电流与电压之间的相位关系等。短路电流计算与分析的主要目的在于应用这些计算结果进行继电保护设计和整定值计算，开关电器、串联电抗器、母线、绝缘子等电气设备的设计，制定限制短路电流的措施和稳定性分析等。

第二节　无穷大功率电源供电系统三相短路过程分析

一、无穷大功率电源

无穷大功率电源是一种理想电源，它的特点是：①电源功率为无穷大。②当外电路发生任何变化时，系统频率不变化，保持恒定。③电源的内阻抗为零。④电源内部无电压降，电源的端电压恒定。

实际上，真正的无穷大功率电源是没有的，它只是一个相对的概念，某一电源（或多个电源并联）其功率大于其他电源 10 倍以上，就可将此电源近似认为是无限大功率电源。

二、三相短路的暂态过程

对于图 7-1 所示的三相电路，电源为无穷大功率电源短路发生前，电路处于稳态，其 A 相的电流表达式为

$$i_A = I_{m|0|} \sin(\omega t + \alpha - \varphi_{|0|}) \tag{7-1}$$

式中

$$I_{m|0|} = \frac{U_m}{\sqrt{(R+R')^2 + \omega^2 (L+L')^2}}$$

$$\varphi_{|0|} = \text{arctg} \frac{\omega(L+L')}{(R+R')}$$

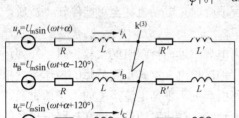

图 7-1　无限大功率电源供电的
三相电路突然短路

当在 k 点突然发生三相短路时，这个电路即被分成两个独立的回路。左边的回路仍与电源连接，而右边的回路则变为没有电源的回路。在右边回路中，电流将从短路发生瞬间的值不断地衰减，一直衰减到磁场中储存的能量全部变为电阻中所消耗的热能，电流即衰减为零。在与电源相连的左边回路中，每相阻抗由原来的 $(R+R') + j\omega(L+L')$ 减少为 $R+j\omega L$，其稳态电流值必将增大。短路暂态过程的分析与计算就是针对这一回路的。

假定短路在 $t=0s$ 时发生，由于电路仍为对称，可以只研究其中的一相，例如 A 相，其电流的瞬时值应满足微分方程

$$L \frac{di_A}{dt} + Ri_A = U_m \sin(\omega t + \alpha) \tag{7-2}$$

这是一个一阶常系数，线性非齐次的常微分方程，它的特解即为稳态短路电流 $i_{\infty A}$，又称交流分量或周期分量 i_{pA} 为

$$i_{\infty A} = i_{pA} = \frac{U_m}{Z} \sin(\omega t + \alpha - \varphi) = I_m \sin(\omega t + \alpha - \varphi) \tag{7-3}$$

式中　Z——短路回路每相阻抗 $(R+j\omega L)$ 的模值；

　　　φ——稳态短路电流和电源电压间的相角 $\left(\text{arctg} \dfrac{\omega L}{R}\right)$；

　　　I_m——稳态短路电流的幅值。

短路电流的自由分量衰减时间常数 T_a 为微分方程式的特征根的负倒数，即

$$T_a = \frac{L}{R} \tag{7-4}$$

短路电流的自由分量电流为

$$i_{aA} = Ce^{-\frac{t}{T_a}} \tag{7-5}$$

又称为直流分量或非周期分量。它是不断减小的直流分量电流，其减小的速度与电路中 L/R 值有关。式中 C 为积分常数，其值即为直流分量的起始值。

短路的全电流为

$$i_a = I_m \sin(\omega t + \alpha - \varphi) + Ce^{-\frac{t}{T_a}} \tag{7-6}$$

式中的积分常数 C 可由初始条件决定。在含有电感的电路中，根据楞次定律，通过电感的

电流是不能突变的，即短路前一瞬间的电流值（用下标|0|表示）必须与短路发生后一瞬间的电流值（用下标0表示）相等，即

$$i_{A|0|} = I_{m|0|}\sin(\alpha - \varphi_{|0|}) = i_{A0} = I_m\sin(\alpha - \varphi) + C = i_{pA0} + i_{aA0}$$

所以

$$C = i_{aA0} = i_{A|0|} - i_{pA0} = I_{m|0|}\sin(\alpha - \varphi_{|0|}) - I_m\sin(\alpha - \varphi) \qquad (7\text{-}7)$$

将式（7-6）代入式（7-5）中便得

$$i_A = I_m\sin(\omega t + \alpha - \varphi) + [I_{m|0|}\sin(\alpha - \varphi_{|0|}) - I_m\sin(\alpha - \varphi)]e^{-\frac{t}{T_a}} \qquad (7\text{-}8)$$

由于三相电路对称，只要用（$\alpha-120°$）和（$\alpha+120°$）代替式（7-8）中的α就可以分别得到B相和C相电流表达式。现将三相短路电流表达式综合为

$$\left.\begin{array}{l}i_A = I_m\sin(\omega t + \alpha - \varphi) + [I_{m|0|}\sin(\alpha - \varphi_{|0|}) - I_m\sin(\alpha - \varphi)]e^{-\frac{t}{T_a}} \\[4pt] i_B = I_m\sin(\omega t + \alpha - 120° - \varphi) + [I_{m|0|}\sin(\alpha - 120° - \varphi_{|0|}) - I_m\sin(\alpha - 120° - \varphi)]e^{-\frac{t}{T_a}} \\[4pt] i_C = I_m\sin(\omega t + \alpha + 120° - \varphi) + [I_{m|0|}\sin(\alpha + 120° - \varphi_{|0|}) - I_m\sin(\alpha + 120° - \varphi)]e^{-\frac{t}{T_a}}\end{array}\right\}$$

$$(7\text{-}9)$$

观察电流表达式（7-9）以及图7-2可以得到如下结论：

（1）无限大功率电源供电的三相系统三相短路电流中包含有两个分量，即周期分量（也称强制分量）和非周期分量（或称自由分量）。周期分量的幅值取决于电源电压幅值和短路回路的总阻抗，并在暂态过程中始终保持不变。周期分量也是短路后回路的暂态短路电流。非周期分量电流是逐渐衰减的。这是由于在突然短路瞬间前后保持电感性电路电流不能突变而出现的分量，它以时间常数T按指数规律衰减至零。在$t=0$，它使短路后瞬间电流值与短路前瞬间的电流值相等。

（2）A、B、C三相短路电流周期性分量短路冲击电流和最大有效值电流周期分量分别为三个幅值相等、相位差120°、对称的交流正弦电流。而三相短路电流非周期分量每一时刻都互不相等，都以相同的时间常数

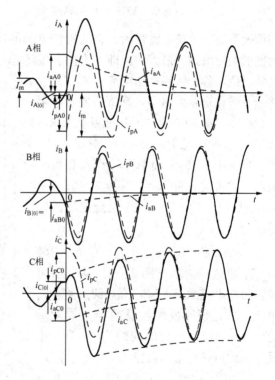

图7-2　三相短路电流波形图

T进行衰减，T越大，衰减就越慢，反之则越快。非周期分量的存在，使短路电流曲线不和时间轴对称，而非周期分量电流曲线本身就是短路电流曲线的对称轴。利用这一特性，可以从短路电流曲线中，把非周期分量分离出来。

（3）在电源电压幅值和短路回路不变情况下，非周期分量起始值的大小与电源电压在短路开始时刻的相角即合闸角α和短路前回路中电流幅值有关。非周期分量起始值可能为最大值I_m，也可能为零，在同一时刻只能一相最大或为零。在图7-3中画出了$t=0$时A相的电

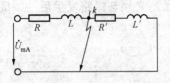 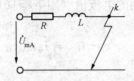

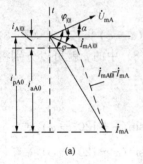 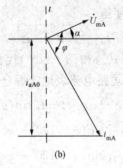

图 7-3 初始状态电流相量图
(a) 短路前有载；(b) 短路前空载

源电压、短路前的电流和短路电流交流分量的相量图。$\dot{I}_{mA|0|}$ 和 $\dot{I}_{mA}$ 在时间轴上的投影分别为 $i_{A|0|}$ 和 i_{pA0}，它们的差即为 i_{aA0}。如果改变 α，使相量差 $(\dot{I}_{mA|0|}-\dot{I}_{mA})$ 与时间轴平行，则 A 相直流分量起始值的绝对值最大；如果改变 α，使相量差 $(\dot{I}_{mA|0|}-\dot{I}_{mA})$ 与时间轴垂直，则 A 相直流电流为零，这时 A 相电流由短路前的稳态电流直接变为短路后的稳态电流，而不经过暂态过程。

三、短路冲击电流

最恶劣的短路情况是，当短路发生在电感电路中、短路前为空载的情况下直流分量电流最大，若初始相角满足 $|\alpha-\varphi|=90°$，则一相短路电流的直流分量起始值的绝对值达到最大值，即等于稳态短路电流的幅值。短路电流在最恶劣短路情况下的最大瞬时值，称为短路冲击电流。

一般在短路回路中，感抗值要比电阻值大得多，即 $\omega L\gg R$，因此可以认为 $\varphi\approx 90°$。在这种情况下，当 $\alpha=0$ 或 $\alpha=180°$ 时，相量 $\dot{I}_{mA}$ 与时间轴平行，即 A 相处于最严重的情况。将 $I_{m|0|}=0$、$\alpha=0$、$\varphi=90°$，代入式（7-9）得 A 相全电流的计算式为

$$i_A = -I_m\cos\omega t + I_m e^{-\frac{t}{T_a}} \quad (7-10)$$

i_A 电流波形示于图 7-4。从图中可见，短路电流的最大瞬时值，即短路冲击电流，将在短路发生经过约半个周期后（当 $f=50Hz$ 时，此时间约为 0.01s）出现。由此可得冲击电流值为

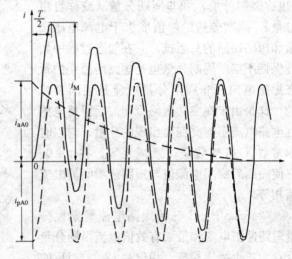

图 7-4 直流分量最大时短路电流波形

$$i_M \approx I_m + I_m e^{-\frac{0.01}{T_a}} = (1+e^{-\frac{0.01}{T_a}})I_m = K_M I_m \quad (7-11)$$

式中 K_M——冲击系数，即冲击电流值对于交流电流幅值的倍数，一般取 1.8～1.9。
冲击电流主要用于检验电气设备和载流导体的动稳定度。

四、最大有效值电流

在短路暂态过程中，任一时刻 t 的短路电流有效值 I_t，是以时刻 t 为中心的一个周期内瞬时电流的均方根值，即

$$I_t = \sqrt{\frac{1}{T}\int_{t-\frac{T}{2}}^{t+\frac{T}{2}} i^2 \mathrm{d}t} = \sqrt{\frac{1}{T}\int_{t-\frac{T}{2}}^{t+\frac{T}{2}} (i_{pt} + i_{at})^2 \mathrm{d}t} = \sqrt{(I_m/\sqrt{2})^2 + i_{at}^2} \qquad (7-12)$$

式中假设在 t 前后一周期内 i_{at} 不变。

由图 7-4 可知，最大有效值电流也是发生在短路后半个周期时，其值为

$$I_M = \sqrt{(I_m/\sqrt{2})^2 + i_{at}^2} = \sqrt{(I_m/\sqrt{2})^2 + (i_M - I_m)^2}$$

$$= \sqrt{(I_m/\sqrt{2})^2 + I_m^2(K_M - 1)^2} = \frac{I_m}{\sqrt{2}}\sqrt{1 + 2(K_M - 1)^2} \quad (t = 0.01\mathrm{s}) \quad (7-13)$$

当 $K_M = 1.9$ 时，$I_M = 1.62\left(\dfrac{I_m}{\sqrt{2}}\right)$；

当 $K_M = 1.8$ 时，$I_M = 1.52\left(\dfrac{I_m}{\sqrt{2}}\right)$。

短路电流的最大有效值电流用于检验电气设备的热稳定度。

五、短路功率

有时在选择某些电气设备时，要用到短路功率（也称短路容量）的概念。其定义为

$$S_k = \sqrt{3}U_N I_k \qquad (7-14)$$

式中　U_N——短路处于正常运行时的额定电压；

$\quad\ I_k$——短路电流的有效值。

由式（7-14）可见，短路功率意味着该电气设备既要承受正常工况下的额定电压，又要能够开断短路电流 I_k。由于短路电流可取不同时刻的值，如 t 为 0，0.01，0.02s 等，故短路功率也对应于相应的时刻。较有实际意义的是相应于断路器动作时刻的短路功率。如采用标幺制时，则有

$$S_{k*} = \frac{S_k}{S_B} = \frac{\sqrt{3}U_N I_k}{\sqrt{3}U_B I_B} = I_{k*} \qquad (7-15)$$

上式表明当基准电压取额定电压时，则短路功率的标幺值与短路电流的标幺值相等。

六、不对称故障的概念

三相对称是指三相电压（电流）相量幅值相同、转速相同、相位相差 120°。正常运行和三相短路都符合上述条件，称为对称运行。而电力系统不对称短路是指短路处 A，B，C 三相对地电压不对称，短路处流出的电流不对称。如图 7-5 所示，在线路的 k 点 A 相发生了单相接地故障，k 就是故障点。k 点的三相对地电压 $\dot{U}_{kA}$、$\dot{U}_{kB}$、$\dot{U}_{kC}$ 和由 k 点流向大地的三相电流（即短路电流）$\dot{I}_{kA}$、$\dot{I}_{kB}$、$\dot{I}_{kC}$ 均为三相不对称。此时短路点的已知量或边界条件为

$$\left.\begin{array}{l} \dot{I}_{kB} = 0 \\ \dot{I}_{kC} = 0 \\ \dot{U}_{kA} = 0 \end{array}\right\}$$

电力系统的故障除短路故障还有断线故障，也叫非全相运行。造成非全相运行的原因很多，例如某一线路单相接地短路后，故障相断路器跳闸；导线一相或两相断线等等。

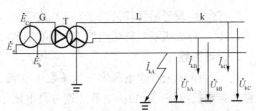

图 7-5　简单系统不对称短路

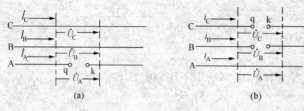

图 7 - 6　断线故障

(a) 单相断线故障；(b) 两相断线故障

图 7 - 6（a）、（b）所示，分别是单相断线和两相断线故障，由 q，k 两点组成断口，断口处的三相电压不对称，从断口流过的三相电流也不对称。此时断口处

图 7 - 6（a）的已知量为

$$\left.\begin{array}{l} \dot{I}_A = 0 \\ \dot{U}_B = 0 \\ \dot{U}_C = 0 \end{array}\right\}$$

图 7 - 6（b）的已知量为

$$\left.\begin{array}{l} \dot{I}_A = 0 \\ \dot{I}_B = 0 \\ \dot{U}_C = 0 \end{array}\right\}$$

计算不对称故障要用对称分量法，这里就不讨论了。

练　习　题

一、思考题

7 - 1　短路的类型有哪些？

7 - 2　发生短路的原因有哪些？

7 - 3　发生短路有哪些危害？

7 - 4　减少短路的措施有哪些？

7 - 5　短路分析的目的是什么？

7 - 6　无穷大功率电源有哪些特征？

7 - 7　什么是最恶劣的短路条件？

7 - 8　什么是无穷大功率电源供电系统短路冲击电流？什么是冲击系数？计算短路冲击电流有何作用？

7 - 9　什么是无穷大功率电源供电系统短路电流最大有效值？如何计算？有何作用？

7 - 10　无穷大功率电源供电系统发生对称三相短路时周期分量是否衰减？

7 - 11　无穷大功率电源供电系统发生对称三相短路时是否每一相都出现冲击电流？

7 - 12　无穷大功率电源供电系统短路电流含哪些分量？交流分量、直流分量都衰减吗？衰减常数如何确定？

7 - 13　用瞬时值计算公式（7 - 8）说明 $t=0$ 时周期分量与非周期分量的关系。

7 - 14　什么叫不对称短路？不对称的短路故障和断线故障有何不同？

二、计算题

7 - 15　无限大功率电源供电系统发生空载三相短路，短路时 A 相电压相角过零，假设短路回路为纯电抗电路，且短路电流周期分量电流幅值是 I_m，求短路瞬间 B、C 相非周期分量电流的初始值是多少？

第八章　电力系统的稳定性

学习电力系统的稳定性，我们先用力学上的一个简单的例子来说明稳定性的概念。如图8-1所示，一个小球在原始状态所受到外力的合力（或合力矩）等于零，则该小球处于平衡状态。有些平衡状态是稳定的，而另一些则是不稳定的。检验平衡状态稳定性的方法是在小球上加一外力干扰，使小球从它的原始位置产生偏移，当外力干扰消除后，看小球是否能回复到原始状态或达到一个新的平衡状态。

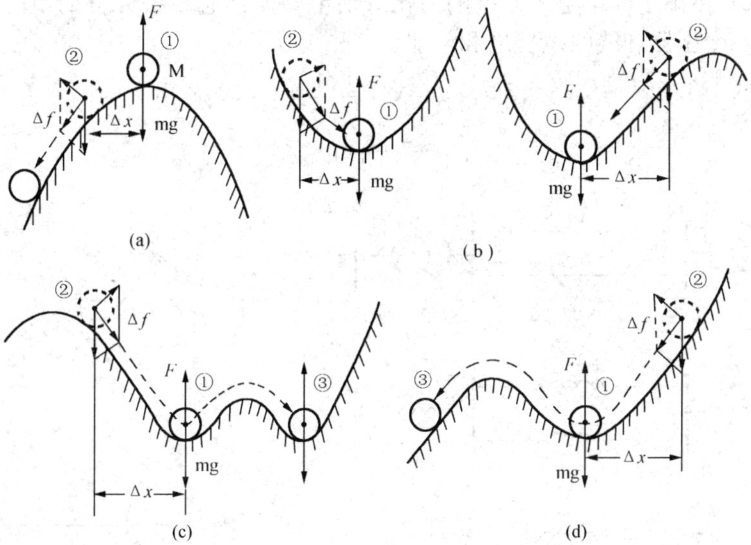

图 8-1　稳定概念的例子

图 8-1（b）中位于凹面底部①的小球，当受到微小的外力干扰，将偏离原始的平衡位置。外力干扰消除后，合力 Δf 能使小球回到原始平衡位置，则小球在位置①是静态稳定的。图 8-1（a）中位于凸面顶处①的小球 M 同样处于原始平衡状态，但当对小球稍加外力干扰，使其偏离平衡位置后，合力 Δf 将使小球离开原始平衡位置越来越远，所以小球在这种原始平衡位置是静态不稳定的。

图 8-1（c）中凹面底部①的小球受到较大外力干扰，使其偏离平衡位置，达到位置②，外力消除后，最终在邻近①的位置③达到一个新的平衡，所以小球在原始位置①的状态也是稳定的。图 8-1（d）中小球受到较大外力干扰偏离平衡位置①，当外力干扰消除后最终不能回到原始位置或达到一个新的平衡位置，所以原始位置①的状态是不稳定的。

第一节　简单电力系统的静态稳定性

电力系统静态稳定是指电力系统受到小干扰后，不发生自发振荡或非周期性失步，自动恢复到起始运行状态的能力。电力系统几乎时时刻刻都受到小的干扰。例如，汽轮机蒸汽压力的波动，个别电动机的接入和切除或加负荷和减负荷，架空输电线因风吹摆动引起的线间距离（影响线路电抗）的微小变化。另外，发电机转子的旋转速度也不是绝对均匀的，即功角 δ 也是有微小变化的。因此，电力系统的静态稳定问题实际上就是确定系统的某个运行稳态能否保持的问题。

在图 8-2（a）所示的电力系统中，发电机通过变压器和输电线把功率送到受端系统的母线。设想受端系统的容量很大，以致可以认为任意改变发电机的输送功率，都不会改变受端电压 $\dot{U}$ 的大小和相位，或者说受端可以看成是功率无穷大的系统，通常这样的系统为简单电力系统，也叫单机—无穷大系统。图 8-2（a）所示的系统就是简单电力系统。相对于复杂电力系统，这种系统的稳定问题的分析和计算都比较简单。

一、功角特性曲线

图 8-2（c）给出了简单电力系统的简化等值电路。当忽略各元件的电阻时，系统的总电抗为发电机、变压器和线路电抗之和，即

$$X_{d\Sigma} = x_d + X_{T1} + \frac{1}{2}X_L + X_{T2}$$

$$\dot{E}_q = \dot{U} + j\dot{I}X_{d\Sigma} \tag{8-1}$$

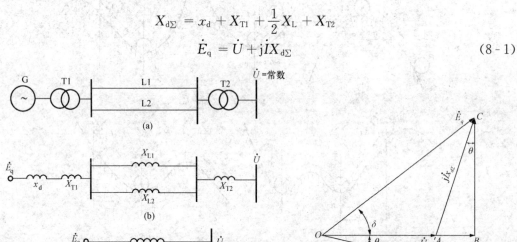

图 8-2　简单电力系统等值电路
（a）系统接线图；（b）等值电路；（c）简化等值电路

图 8-3　简单电力系统电压、电流相量图

图 8-3 用线段表示电压，电流。线段 OA 表示无穷大系统的电压相量 $\dot{U}$，作为参考量，OD 表示流向无穷大系统的电流相量 $\dot{I}$，AC 表示 $j\dot{I}X_{d\Sigma}$，OC 表示发电机的空载电动势 $\dot{E}_q$。δ 是发电机空载电动势 $\dot{E}_q$ 超前于无穷大系统电压 $\dot{U}$ 的角度，叫作功角。θ 是无穷大系统电压超前于电流 $\dot{I}$ 的角度，叫功率因数角，$\cos\theta$ 叫功率因数。

在 $\triangle OAD$ 中，$OD \perp AD$，且在 $\triangle ABC$ 中，$AB \perp BC$，则 $\angle ACB = \angle AOD = \theta$；在 $\triangle ABC$ 中，$BC = AC\cos\theta = IX_{d\Sigma}\cos\theta$；在 $\triangle OBC$ 中，$BC = OC\sin\delta = E_q\sin\delta$。则有

$$IX_{d\Sigma}\cos\theta = E_q\sin\delta \tag{8-2}$$

而发电机输出的电磁功率为 $P_E = UI\cos\theta$，得到

$$I\cos\theta = \frac{P_E}{U} \tag{8-3}$$

将式（8-3）代入式（8-2），整理得

$$P_E = \frac{E_q U}{X_{d\Sigma}}\sin\delta \tag{8-4}$$

$$P_M = \frac{E_q U}{X_{d\Sigma}}$$

式（8-4）表明，当发电机电动势 $\dot{E}_q$ 和受端母线电压 $\dot{U}$ 恒定不变时，发电机向受端系统输出的功率仅仅是 $\dot{E}_q$ 与 $\dot{U}$ 之间的相角差 δ 的函数。将这一关系绘成图 8-4 所示的曲线，称为功角特性曲线，对于隐极机系统，它是一条正弦曲线。

二、静态稳定分析

发电机输出功率是从原动机获得的。在稳定运行情况下，当不计发电机的功率损耗时，发电机输出功率与原动机输入功率相平衡。当原动机的功率 P_T 给定后，由图 8-4 可以看到功角特性曲线上有 a、b 两个交点，即两个功率平衡点，对应功角分别 δ_a 为和 δ_b。但 a、b 是否都能维持运行呢？下面通过分析给予说明。

假设发电机运行在 a 点，若此时有一小的扰动使功角 δ_a 获得一个正的增量 $\Delta\delta$，于是发电机的输出功率 P_E 也要获得一个增量 ΔP，而原动机的功率仍保持不变。这样发电机的输出功率大于原动机的输入功率，破坏了发电机与原动机之间的转矩平衡。由于发电机的电磁转矩大于原动机的机械转矩，在转子上受到一个制动的不平衡转矩，在此不平衡转矩作用下，发电机转子将减速，功角 δ 减小。当 δ 减小到 δ_a 时，虽然原动机转矩与电磁转矩相平衡，但由于转子惯性作用，功角 δ 继续减小，一直到 a'' 点时才能停止减小。在 a''

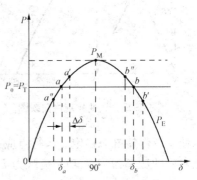

图 8-4 简单系统的功率特性

点，原动机的机械转矩大于发电机的电磁转矩，转子受到一个加速的不平衡转矩，开始加速，使功角 δ 增大，由于阻尼力矩存在，δ 不能到达 δ'，并开始减小，经过衰减的振荡后，又恢复到原来的运行点 a，其过程如图 8-5（a）所示。如果在 a 点运行时受到扰动后产生了一个负的角度增量 $-\Delta\delta$（图 8-4a'' 点），电磁功率 P_E 的增量也是负的，结果是原动机的输入功率大于发电机的输出功率，转子受到加速的不平衡转矩的作用，其转速开始上升，功角相应增加。同样，经过振荡过程又恢复到 a 点运行。由以上分析可得出结论，平衡点 a 是静态稳定的。

发电机运行在 b 点的情况完全不同。在小的扰动作用下使功角增加 $\Delta\delta$ 后，发电机的输出功率不是增加而是减小，此时原动机的机械转矩大于发电机的电磁转矩，发电机的转速继续增大，功角 δ 不断增大，再也回不到 b 点，表明发电机与系统之间丧失了同步，如图 8-5（b）所示。由于电力系统的小扰动经常存在，所以 b 点不能建立起稳定的平衡，即 b 点实际上不可能是稳定的运行点。

进一步分析简单电力系统的功角特性可知：在曲线的上升部分的任何一点对小干扰的响应都

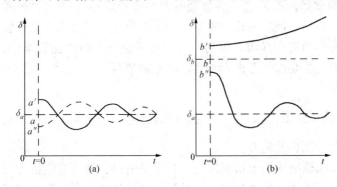

图 8-5 受小扰动后功角变化特性
（a）运行点 a；（b）运行点 b

与 a 点相同，都是静态稳定的；曲线的下降部分的任何一点对小干扰的响应都与 b 点相同，都是静态不稳定的。

功角特性曲线的上升部分，电磁功率增量 ΔP 与功角增量 $\Delta\delta$ 具有相同的符号；在功角特性曲线的下降部分，ΔP 与 $\Delta\delta$ 总是具有相反的符号。故可以用比值 $\dfrac{\Delta P}{\Delta\delta}$ 的符号来判断系统给定的平衡点是否是静态稳定的。

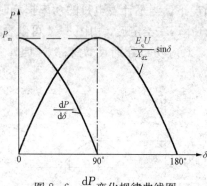

图 8-6 $\dfrac{\mathrm{d}P}{\mathrm{d}\delta}$ 变化规律曲线图

一般把判断静态稳定的充分必要条件称为静态稳定判据。有以上讨论可知，可以把

$$\frac{\mathrm{d}P}{\mathrm{d}\delta} > 0$$

看成是简单电力系统静态稳定的实用判据。图 8-6 绘出了简单电力系统静态稳定判据 $\dfrac{\mathrm{d}P}{\mathrm{d}\delta}$ 随角度 δ 变化的规律。当 $\delta=90°$ 时，$\dfrac{\mathrm{d}P}{\mathrm{d}\delta}=0$，是静态稳定的临界点，它与功角特性曲线的最大值相对应。功角特性曲线的最大值常成为发电机的功率极限。显而易见，欲使系统保持静态稳定，运行点应在功角特性曲线的上升部分，且应低于功率极限。设运行点对应的功率为 P_0，功率极限为 P_m，则

$$K_\mathrm{p} = \frac{P_\mathrm{m}-P_0}{P_0} \times 100\%$$

K_p 称为静稳定的储备系数。经验表明，正常运行时，K_p 不应低于 15%，事故后或在特殊情况下，也不能低于 10%。

三、提高静态稳定的措施

发电机输送的功率极限值越高，则静态稳定性越好。由公式 $P_\mathrm{m}=\dfrac{E_\mathrm{q}U}{X_{\mathrm{d}\Sigma}}$ 可见，增加 E_q 和 U，减少 $X_{\mathrm{d}\Sigma}$ 可以提高发电机输送的功率极限。以下叙述的几种措施都是为了改变这三个变量。

1. 采用自动励磁调节装置

自动励磁调节装置对提高电力系统静态稳定性有非常明显的作用。当发电机装有比例式励磁调节器时，可维持暂态电动势为常数。如果进一步加装电力系统稳定器（PSS），或者用强励式调节器代替比例式调节器，相当于把发电机电抗减小到接近为零，可以近似维持发电机端电压为常数，对提高静稳定的作用更为显著。因为调节器在总投资中所占比重很小，所以在各种提供静态稳定性的措施中，总是优先考虑安装自动励磁调节器。

2. 减少元件电抗

以图 8-2 的简单系统为例，其功率极限 $P_\mathrm{m}=\dfrac{E_\mathrm{q}U}{X_{\mathrm{d}\Sigma}}$，与系统的总电抗 $X_{\mathrm{d}\Sigma}$ 成反比，系统总电抗越小，功率极限就越大，稳定性能也就越好。

系统总电抗是由发电机、变压器和输电线路电抗组成的，其中发电机、变压器电抗受投资的限制，要想大幅度减小是困难的，不过在发电机和变压器设计时总是应该在投资和材料相同的条件下，力求使它们的电抗减小一些。更有实际意义的是减小线路电抗，这可以通过

使用分裂导线和采用串联电容补偿等办法实现。

采用分裂导线可以减小线路电抗，导线不需要特制。分裂导线在超高压线路中还可以减少电晕损耗，因此被广泛采用。

串联电容补偿是指在线路中串联电容器，以电容器的容抗抵消线路的感抗，如图 8 - 7 所示。

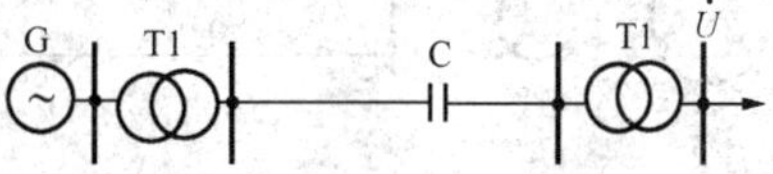

图 8 - 7 串联电容减小线路电抗

3. 提高额定电压

在线路两端电压相位差角 δ 不变的条件下，线路输送的功率与线路额定电压的平方成正比，所以提高线路额定电压能明显提高输送功率，改善系统的稳定性。不过要注意，电压等级越高，投资越大，一般对于一定的输送距离和输送功率，总有一个最合理的电压等级。

4. 改善电网结构

电网结构是电力系统安全运行的基础。改善电网结构的核心是加强主系统的联系，消除薄弱环节。例如：增加输电线路的回路数。另外，当输电线路通过的地区原来就有电力系统时，与这些中间电力系统的输电线路连接起来也是有利的。这样可以使长距离的输电线路中间点的电压得到支持，相当于将输电线路分成两段，缩小了"电气距离"。而且，中间系统还可与输电线交换有功功率，起到互为备用的作用。

第二节　简单电力系统的暂态稳定性

一、暂态稳定的概述

电力系统在运行中，受到突然短路、断开线路等大扰动时，会引起发电机转子的摇摆，在条件不利时，可能导致发电机之间失去同步。暂态稳定就是研究电力系统突然遭到大扰动后，能否安全过渡到一个新的平衡状态或者回复到原来运行状态的问题。下面以图 8 - 8 (a) 所示的简单电力系统为例，说明暂态稳定的性质。

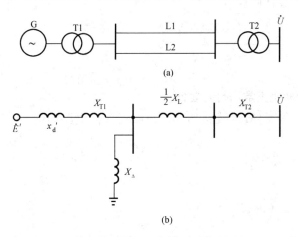

(a)

(b)

图 8 - 8　简单系统故障时等值电路

正常运行时，发电机向系统输出功率 P_E 与原动机供给的功率 P_T 相平衡。假设在线路始端发生突然短路，将引起电流、电压的急剧变化，发电机输出的电磁功率也相应发生突然的变化。但是原动机调速器的动作相当迟缓，大约在 1s 左右原动机调速器还不能有明显的变化，故原动机输出功率 P_T 可视为不变。于是发电机输入输出功率的平衡遭到破坏，从而有一个不平衡转矩作用在转子上，使转子产生加速度，致使功角 δ 不断改变。

大干扰引起的过程是一种电磁暂态过程和转子机械运动暂态过程联合在一起的过程，称为机电暂态过程。暂态稳定要解决的问题是确定发电机转子的摇摆过程。精确计算机电暂态过程是非常复杂的，实用计算中都要

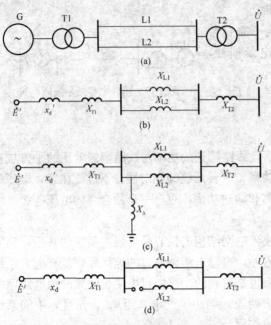

图 8-9　简单电力系统等值电路

(a) 系统接线图；(b) 正常运行时的等值电路；

(c) 故障时的等值电路；(d) 故障后的等值电路

忽略一些次要因素，使计算简化，同时又能保证误差在允许范围之内。

发生了不对称短路，相当于在短路点并联接入一个由短路类型确定的附加电抗 X_Δ，如图 8-8（b）所示。这时发电机的等值电抗由 x_d 变为 x'_d，发电机空载电动势 E_q 不再是常数，而暂态电动势 E' 在暂态过程中为常数。

二、发电机转子的相对运动

对于图 8-9（a）所示电力系统接线图，在正常运行时，发电机的功率特性为

$$P_{\mathrm{I}} = \frac{E'U}{X_{\mathrm{I}}}\sin\delta$$

$$X_{\mathrm{I}} = x'_d + X_{T1} + \frac{1}{2}X_L + X_{T2}$$

式中　X_{I}——系统正常运行时的等值电抗。

正常运行时的等值电路如图 8-9（b）所示。

现假定突然在一回输电线的始端发生不对称短路，根据前面的分析，只要在正序网络的故障点上接一个附加电抗，就构成故障条件下的系统等值电路，如图 8-9（c）所示。由于假设电动势 $\dot{E}'$ 不变，此时功率特性为

$$P_{\mathrm{II}} = \frac{E'U}{X_{\mathrm{II}}}\sin\delta$$

$$X_{\mathrm{II}} = X_{\mathrm{I}} + \frac{(x'_d + X_{T1})\left(\frac{1}{2}X_L + X_{T2}\right)}{X_\Delta}$$

式中　X_{II}——E 与 U 节点间的转移电抗。

由于 $X_{\mathrm{II}} > X_{\mathrm{I}}$，所以短路时的功率特性比正常运行时要低。

短路故障发生后，在继电保护的作用下，将故障线路切除，故障后等值电路如图 8-9（d）所示。这时系统的总电抗为

$$X_{\mathrm{III}} = x'_d + X_{T1} + X_L + X_{T2}$$

与之相应的发电机的输出功率为

$$P_{\mathrm{III}} = \frac{E'U}{X_{\mathrm{III}}}\sin\delta$$

由图 8-10 可见，正常运行时，原动机的输入功率 P_T 与发电机的输出功率 P_E 相平衡，设此时 $P_T = P_0$。图中的 a 点表示正常运行时发电机的运行点。发生短路故障后，功率特性立即降为 P_{II}，由于转子的惯性，其转速不会立刻变化，δ_0 仍保持不变，运行点由 a 点突然降至 b 点，输出功率低于 P_0。已经指出，由于原动机调速器动作迟缓，原动机输出功率在

一段时间内不会改变，于是出现一过剩功率，在转子上出现与之相应的过剩转矩。在过剩转矩作用下，转子开始加速，发电机电动势 $\dot{E}$ 开始比受端电压 $\dot{U}$ 的恒定同步转速加快，δ 角逐渐增大，运行点由 b 点向 c 点移动。如果故障永久存在下去，原动机的功率始终大于发电机的输出功率，转子不断加速而与受端系统失去同步。实际上系统都配有继电保护装置，故障发生后，它将迅速动作切除故障线路，使功率特性变为 P_{III}，设想在 c 点切除故障线路，同样因 δ 不能突变，运行点突变到 e 点，这时发电机输出功率大于原动机功率，转子转速开始减慢。但由于此时转子的速度仍大于同步转速，δ 角还要继续增大，而相对速度则开始减小，称此后的一段过程为减速过程。在减速过程中，发电机多输出的功率靠消耗转子的动能来维持。到了 f 点，转子速度已减少到同步速度，不过在 f 点不能停留下来，因为此时发电机输出功率仍大于原动机功率。于是转子继续减速，δ 开始减少，运行点向 k 点转移。在 k 点发电机的输出功率恰好等于原动机功率，但由于惯性作用，δ 角将继续减小。越过 k 点以后，原动机功率又大于发电机功率，转子又重新开始加速，直到转速恢复到同步速度，δ 角才在继续减小，以后 δ 又重新增大，开始第二次振荡。在振荡过程中不断有能量消耗，所以振荡逐渐衰减，最后稳定在 k 点持续运行。

暂态过程也可能出现另一种结局，设想故障切除的比较晚，在减速过程中 δ 角增加到 δ_h 时，转速尚未降到同步速度，运行点将越过 h 点。这时转子又开始承受加速转矩，使 δ 角继续增大，以致和受端系统失去同步。其过程示于图 8 - 11。

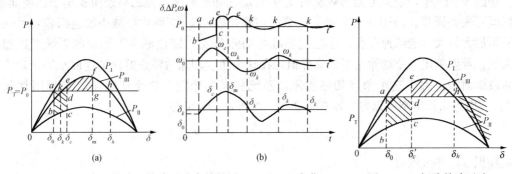

图 8 - 10　正常、故障、故障后功率特性及 ω、δ、ΔP 变化　　图 8 - 11　切除故障过晚情况下的功角特性

三、等面积定则

以上只是定性地对发电机转子摇摆过程作了分析，下面利用能量平衡的关系，对简单电力系统的暂态稳定作定量分析，并确定出极限切除角 $\delta_{c\,\text{lim}}$。

图 8 - 10 中画着阴影面积中的高度代表过剩功率 $\Delta P = P_0 - P$，对应的过剩转矩是

$$\Delta M = \frac{\Delta P}{\omega}$$

用标么值表示时，因 $\omega \approx 1$，于是可以认为 $\Delta M = \Delta P$，当转子移动一个微小的功角 $\mathrm{d}\delta$ 时，过剩转矩所做的功为 $\Delta M \mathrm{d}\delta$，亦可写为 $\Delta P \mathrm{d}\delta$。转子由初始角 δ_0 到故障切除时的角度 δ_c 的移动过程是加速过程，过剩转矩所做的功为

$$W_a = \int_{\delta_0}^{\delta_c} \Delta M \mathrm{d}\delta = \int_{\delta_0}^{\delta_c} \Delta P \mathrm{d}\delta = \int_{\delta_0}^{\delta_c} (P_0 - P_{\text{II}}) \mathrm{d}\delta = S_{abcda}$$

式中 S_{abcda} 代表图 8 - 10 中 $abcda$ 所包围的面积，表示加速过程中转子所储藏的功能。这块面

积称为加速面积。

角度由 δ_c 移动到 δ_m 时，转子动能的改变量为

$$W_b = \int_{\delta_c}^{\delta_m} \Delta P d\delta = \int_{\delta_c}^{\delta_m} (P_0 - P_{\text{III}}) d\delta = S_{defgd}$$

在这段时间内 $\Delta P < 0$，积分结果为负值，意味着动能减小，因此 S_{defgd} 代表 $defgd$ 所包围的面积，称为减速面积。

在减速期间，原动机供给的功率小于发电机输出的功率，不足部分的功率靠在加速过程中储藏于转子中的动能来补充。当转子耗尽了转子在加速过程中积累的全部动能时，转子的相对速度等于零，这时发电机转子到达最大位置角 δ_m。由此可见，加速过程和减速过程显然应该有

$$W_a = W_b = \int_{\delta_0}^{\delta_c} (P_0 - P_{\text{II}}) d\delta = \int_{\delta_c}^{\delta_m} (P_0 - P_{\text{III}}) d\delta$$

那么

$$\int_{\delta_0}^{\delta_c} (P_0 - P_{\text{II}}) d\delta + \int_{\delta_c}^{\delta_m} (P_0 - P_{\text{III}}) d\delta = S_{abcda} + S_{defgd} = 0$$

上式也可以改写成

$$|S_{abcda}| = |S_{defgd}|$$

即加速面积和减速面积大小相等。故称这个关系为等面积定则。

在图 8-11 中，最大可能的减速面积为 S_{defgd}。如果最大可能的减速面积小于加速面积，系统就要失去同步。由图 8-11 可见，减小切除角度 δ_c 一方面可以减小加速面积，另一方面又可加大最大可能减速面积，于是适当减小切除角 δ_c，能使原来不稳定的系统变成稳定的系统。希望确定一个切除角度的临界值，在这个角度切除故障正好使加速面积等于最大可能的减速面积。大于这个角度切除故障，系统将失去稳定，这个切除角称为极限切除角 $\delta_{c\,\text{lim}}$。应用等面积定则可以方便地求出 $\delta_{c\,\text{lim}}$。由图 8-11 可得

$$\int_{\delta_0}^{\delta_c} (P_0 - P_{\text{II max}} \sin\delta) d\delta + \int_{\delta_c}^{\delta_h} (P_0 - P_{\text{III max}} \sin\delta) d\delta = 0$$

上式经积分，并整理得

$$\cos\delta_{c\,\text{lim}} = \frac{P_0(\delta_h - \delta_0) + P_{\text{III max}} \cos\delta_h - P_{\text{II}} \cos\delta_0}{P_{\text{III max}} - P_{\text{II max}}}$$

将已知的 δ_0 及 $\delta_h = \pi - \sin^{-1} \dfrac{P_0}{P_{\text{III max}}}$ 代入上式即可求出极限切除角 $\delta_{c\,\text{lim}}$。

四、提高暂态稳定性的措施

在上一节中介绍的缩短电气距离以提高静态稳定性的某些措施对提高暂态稳定性也是有作用的。但是，提高暂态稳定的措施，一般首先考虑的是减少扰动后功率差额的临时措施，因为在大扰动后发电机机械功率和电磁功率的差额是导致稳定破坏的主要原因。所有的措施都是为减小加速面积，增加减速面。

（一）故障的快速切除和自动重合闸装置的应用

快速切除故障是提高暂态稳定的最根本，最有效的措施，同时又是简单易行的措施。当系统的暂态稳定将遭到破坏时，首先应考虑快速切除故障。如图 8-12 所示，快速切除故障的作用是减小加速面积，增大减速面积。如把故障切除的角度从 δ_c 提前到 δ_c'，可以使原来不稳定的系统转化为稳定的。

切除故障时间等于继电保护动作时间和断路器动作时间之和。目前新型的保护装置的动作时间可做到不大于 0.04s，断路器的动作时间不大于 0.06s，二者动作时间之和可做到 0.1s 之下，最快可达到 0.06s，从而显著地改善了系统的暂态稳定性。

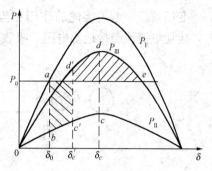

图 8-12　快速切除故障对加速面积的影响

高压输电线路的短路故障，绝大多数是瞬时性的，故障线路切除后通过自动重合闸装置立即重新投入，大多数情况下可以恢复正常运行，成功率可达 90% 以上。

比较图 8-13（a）、（b）可知，在其他条件相同时没有自动重合闸装置时系统不能稳定，装自动重合闸后，在 k 点自动重合闸成功，增大了减速面积，系统可以保持暂态稳定。

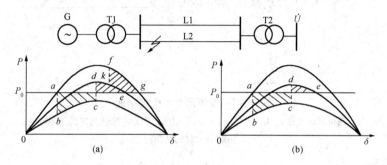

图 8-13　重合闸对系统稳定的影响
（a）有重合闸；（b）无重合闸

超高压输电线路的故障大多数是单相接地，对这类故障可以考虑采用按相动作的单相重合闸装置。这种装置自动选出故障相切除，经过一小段时间后又重新合闸。由于只切除一相，送端发电厂和受端系统之间的联系更为紧密，从而进一步提高了暂态稳定性。

（二）提高发电机输出的电磁功率

1. 对发电机施行强行励磁

发电机都备有强行励磁装置，以保证当系统发生故障而使发电机端电压低于 85% ～ 90% 额定电压时迅速而大幅度地增加励磁，从而提高发电机电动势，增加发电机输出的电磁功率。强行励磁对提高发电机并列运行和负荷的暂态稳定性都是有利的。

2. 快速汽门控制，电气制动，变压器经小阻抗接地

在系统故障期间，如能迅速关闭汽门降低原动机的功率，就会显著减少过剩功率，提高系统的暂态稳定性。可惜由于汽轮机调速器不够灵敏，这个想法一直未得到实际应用。近年来汽轮机调速器越来越完善，尤其电液调速器的出现，是快速关汽门成为可能，它的使用将使暂态稳定得到显著改善。

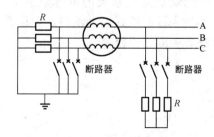

图 8-14　制动电阻接入方式

水轮机的调速器很不灵敏，且有水锤效应，不能快速关闭导水翼。代替的办法是采用电气制动，就是在系统发生故障后迅速投入一个附加电阻，以消耗发电机的有功功率，见图 8-14。

变压器经小电阻接地的作用相当于单相接地故障的电气制动，见图 8 - 15。单相接地时，接地电流流经接地小电阻，吸收过剩功率，改善暂态稳定。

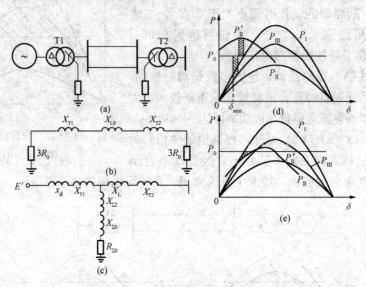

图 8 - 15　变压器经小电阻接地
(a) 简单系统接线；(b) 零序网；(c) 等值网；(d) 电阻适当时的功角特性；
(e) 电阻较大时的功角特性

3. 连锁切机

连锁切机具有类似上述措施的效果，同时又有花费少，易于实现等优点，在稳定问题严重的系统中应用较多。所谓连锁切机就是在一回线路发生故障时，在切除故障线路的同时连锁切除送端发电厂的部分发电机。以图 8 - 16 为例，线路故障连锁切除一台发电机，相当于发电厂的功率减小 1/3（当 3 台发电机发出相同功率时），此时 P_0 降为 P_0'，增大了减速面积，从而使原来不能保持稳定的系统变为能够保持稳定。连锁切机的严重缺点是使系统的电源减少了，不过当没有更好的办法时，要比系统丧失同步强得多。

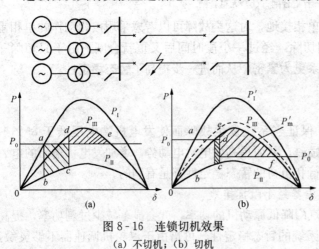

图 8 - 16　连锁切机效果
(a) 不切机；(b) 切机

练 习 题

一、思考题

8 - 1　电力系统稳定性的定义。

8 - 2　什么是电力系统的静态稳定？什么是电力系统的暂态稳定？

8-3　提高静态稳定的措施有哪些？提高电力系统暂态稳定的措施有哪些？

8-4　静态稳定的判据和暂态稳定的判据分别是什么？

8-5　什么是电力系统的静态稳定储备系数？

8-6　为什么说等面积定则的本质是能量守恒？

8-7　根据等面积定则解释自动重合闸对提高暂态稳定性的作用。

二、计算题

8-8　单机无限大系统及参数如图 8-17，发电机运行在额定状态，末端 $P_0=1$，$\cos\varphi=0.8$。求系统的静态稳定极限和静态稳定储备系数。

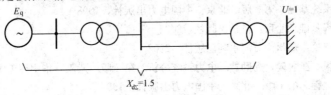

图 8-17　题 8-8 图

参 考 文 献

1 韩祯祥. 电力系统分析. 第 2 版. 杭州：浙江大学出版社，1997

2 杨以涵. 电力系统基础. 北京：水利电力出版社，1986

3 李光琦. 电力系统暂态分析. 第 2 版. 北京：中国电力出版社，1995

4 陈珩. 电力系统稳态分析. 第 2 版. 北京：中国电力出版社，1995

5 张文勤. 电力系统基础. 第 2 版. 北京：中国电力出版社，1998

6 刘笙. 电气工程基础. 北京：科学出版社，2002

7 宋宪生. 水利概论. 郑州：黄河水利出版社，2002

8 何仰赞，温增银，汪馥瑛，周勤慧. 电力系统分析. 第 2 版. 武汉：华中理工大学出版社，1996

9 陈志业. 电力工程. 第 1 版. 北京：中国电力出版社，1997

10 刘振亚. 特高压电网. 第 1 版. 北京：中国经济出版社，2005

11 中国电力企业联合会标准化部. 电力工业标准汇编 电力卷 1996. 第 1 版. 北京：中国电力出版
    社，1997

12 中国电力企业联合会标准化部. 电力工业标准汇编 电力卷 第二分册 电力网、电力系统及变电所.
    第 1 版. 北京：中国电力出版社，1996

13 王锡凡. 现代电力系统分析. 第 1 版. 北京：科学出版社，2003

14 纪建伟等. 电力系统分析. 第 1 版. 北京：中国水利水电出版社，2002

15 韦钢，张永健，陆剑峰，丁会凯. 电力工程概论. 第 1 版. 北京：中国电力出版社，2005

16 于永源，杨绮雯. 电力系统分析. 第 1 版. 北京：中国电力出版社，2004